FAIR ISLE KNITTING: DESIGN. CRAFT. TECHNOLOGY

“十三五”普通高等教育本科部委级规划教材

费尔岛针织品设计与工艺

张茜 编著

国 家 一 级 出 版 社
中国纺织出版社
全国百佳图书出版单位

内 容 提 要

本教材在研究现有传统针织品资料文献的基础上，从传统针织品中的经典案例——费尔岛针织品入手，以案例研究的形式介绍费尔岛针织品。

本教材主要分为四个章节，分别从费尔岛针织品的定义范畴、历史文化、传统设计元素与设计方法、创新设计思路与设计方法四个方面进行阐述。

全书注重图文的结合，并在第三章的第一节、第五节，第四章的第五节提供了大量的图案与原创实物图例，汇集成设计资料库，可供学习与参考。

本教材适用于专业院校的服装设计专业日常教学使用，亦可供服装产业相关从业人员参考使用。

图书在版编目（CIP）数据

费尔岛针织品设计与工艺 / 张茜编著 . -- 北京 : 中国纺织出版社，2018.11

“十三五”普通高等教育本科部委级规划教材

ISBN 978-7-5180-5510-4

Ⅰ . ①费… Ⅱ . ①张… Ⅲ . ①针织物—服装设计—高等学校—教材 ②针织物—服装工艺—高等学校—教材 Ⅳ . ① TS186.3

中国版本图书馆 CIP 数据核字（2018）第 240088 号

策划编辑：孙成成　责任编辑：谢婉津
责任校对：寇晨晨　责任印制：王艳丽

中国纺织出版社出版发行
地址：北京市朝阳区百子湾东里A407号楼　邮政编码：100124
销售电话：010—67004422　传真：010—87155801
http://www.c-textilep.com
E-mail:faxing@c-textilep.com
中国纺织出版社天猫旗舰店
官方微博http://weibo.com/2119887771
北京华联印刷有限公司印刷　各地新华书店经销
2018年11月第1版第1次印刷
开本：787×1092　1/16　印张：10.5
字数：150千字　定价：78.00元

PREFACE

序

费尔岛针织品作为传统针织品的代表，不仅很好地融合了服饰的审美性与功能性，兼有美感的外观与舒适、保暖的功用；同时从时间与地域层面上，对不同时期、地域的服饰及纺织品产生着潜移默化的影响。

费尔岛针织品历经历史的荡涤，依然能够与不同时期的时尚、风貌、文化恰如其分地结合，吸纳多元文化，为不同时代的服饰注入费尔岛针织品的风格与特质。并且能够在地域上从最初费尔岛及其周边地区延伸辐射到全球服饰零售终端。

费尔岛针织品在时间与地域上的发展历程，是传统文化与当代文化的融合，也是地域性小众文化与全球主流文化的融合。反映出大众消费者对于传统的地域性文化服饰的认同与接纳过程。是传统的地域性服饰文化被不断传承与创新的优秀案例。因此，对费尔岛针织品的设计与工艺进行研究，并将其作为专业教材，对传统服饰文化的传承与创新研究具有一定学术价值。

全书布局上图文并茂，结构上层层递进。首先，从地域人文环境入手，分析费尔岛针织品的成因及特点。其次，以历史的角度阐述费尔岛针织品在不同时期的特点及发展现状。再次，从设计的角度剖析费尔岛针织品独特的设计元素。最后，在历史文化与设计元素认知的基础上，以现今的科学技术与工艺手段探讨创新设计的方式方法。能够从历史、文化、科技、设计、创新多个角度分析费尔岛的针织产品，引导学生以历史文化探索认知、设计元素分析提取、设计方法应用实践的思路和方法去学习，以理论与实践相结合的方式探讨服饰文化的传承与创新。

劉元風

教学内容及课时安排

章/课时	节	课程内容	课程任务
第一章 （3课时）		● 费尔岛针织品概述	掌握基础概念知识
	一	费尔岛的地理人文环境	
	二	费尔岛针织品的界定	
	三	传统费尔岛针织品的品类	
第二章 （4课时）		● 费尔岛针织品的历史源流	了解分析历史背景
	一	费尔岛针织的起源	
	二	20世纪前的费尔岛针织品	
	三	20世纪的费尔岛针织品	
	四	20世纪费尔岛针织蓬勃发展的原因	
第三章 （12课时）		● 传统费尔岛针织品的设计与工艺	掌握设计元素 进行设计训练
	一	传统费尔岛针织品的图案	
	二	传统费尔岛针织品的色彩	
	三	传统费尔岛针织品的编织材料	
	四	费尔岛针织品的编织工艺	
	五	传统费尔岛针织图案花型设计实例	
	六	传统费尔岛针织服饰的复制	
第四章 （14课时）		● 费尔岛针织品的创新设计与实践	掌握设计思路、方法 进行创新设计训练
	一	费尔岛针织品图案的创新设计	
	二	费尔岛针织品色彩的创新设计	
	三	费尔岛针织品编织材料的创新应用	
	四	费尔岛针织品制作工艺的创新应用	
	五	费尔岛针织织物的创新设计实例	
	六	费尔岛针织服饰的创新设计与应用	

注　各院校可根据自身的教学特点和教学计划对课程课时进行调整。

CONTENTS

目录

CHAPTER ONE

A GENERAL OVERVIEW

第一章

费尔岛针织品概述

第一节　费尔岛的地理人文环境

第二节　费尔岛针织品的界定

第三节　传统费尔岛针织品的品类

1

Part 1.

第一章　费尔岛针织品概述

第一节　费尔岛的地理人文环境

费尔岛（Fair Isle）以其色彩丰富、制作精美的针织品而闻名于世。

基于费尔岛地理气候和历史文化的特殊性及其与费尔岛针织品的密切联系，以下分别从地理位置、气候环境以及行政区划三个方面进行概述，便于更加深入全面地了解费尔岛针织品产生的背景。

费尔岛位于苏格兰北部的北海，在设得兰群岛（Shetland Islands）的主岛（Mainland）和奥克尼群岛（Orkney Islands）之间，处于北美海上航线的繁忙地带，为往返于设得兰的主岛与奥克尼群岛的小型船只着陆提供了便利，如图1-1所示。从地理和文化角度上，费尔岛被认为是设得兰群岛的一部分。设得兰群岛有庇护之意，位于苏格兰北部，东临斯堪的纳维亚半岛（Scandinavian Peninsula），西北方有法罗群岛（Faroe Islands）和冰岛，与苏格兰相距最近。

设得兰群岛包含100多个小岛，其中有14座小岛有人居住，这些有人居住的岛屿被称为设德兰岛（Shetland）或主岛（Mainland）。另外，也会将设得兰群岛中最大的岛屿分离出来称为主岛。设得兰群岛也包括费尔岛，它是距离设得兰群岛主岛最远最小的岛屿，因此费尔岛居民通常认为自己是独立于设得兰群岛之外的。[1]

[1] FEITELSON Ann. The Art of Fair Isle Knitting: History, Technique, Color & Patterns[M]. UK: Interweave Press, 2009: 12.

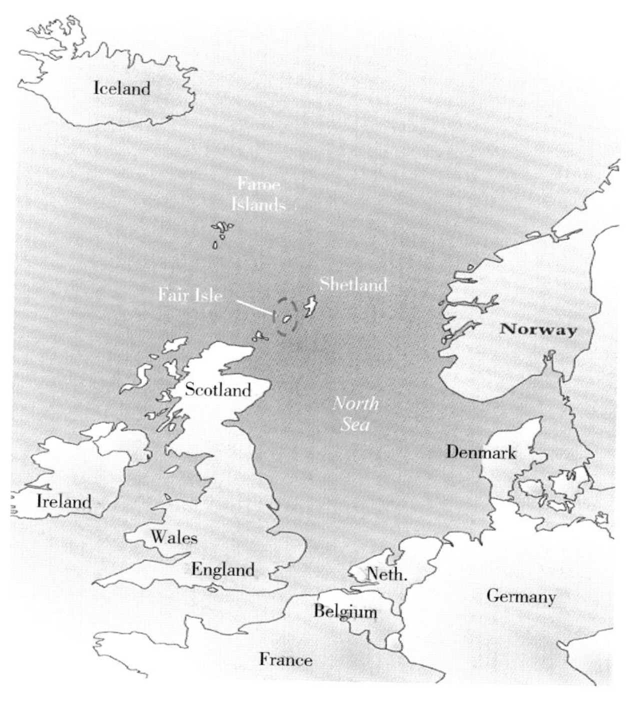

图1-1　费尔岛地理位置

（FEITELSON Ann. *The Art of Fair Isle Knitting: History, Technique, Color & Patterns* [M]. UK: Interweave Press, 2009: 10）

费尔岛为海岛，多小山，草场贫瘠。终年为温带海洋性气候，常年海风呼啸、波涛汹涌，大雪霜冻天气较为罕见，大风大雾天气频发。在湿冷多风的恶劣气候下，以捕鱼和牧羊为主要生活来源的费尔岛居民生活极其艰辛，如图1-2所示。以捕鱼为生的渔民常常遇险，在家中留下许多寡妇和未成年的孩子，妇女编织的毛衣除了作为家用御寒外基本用于出售来维持生计。

图1-2　19世纪初的费尔岛渔船

（设得兰郡档案馆）

在行政区划上，设得兰群岛在5000年前的凯尔特时期受凯尔特人统治，后来在公元700年，由于维京人的入侵，设得兰群岛开始受维京人统治。在876年至1379年间，由挪威统治，并在这一时期深受斯堪的纳维亚文化（Scandinavian Culture）[1]的影响。1468年丹麦玛格丽特公主与苏格兰詹姆斯三世联姻，设得兰群岛作为嫁妆成为苏格兰的属地至今，行政区划上称为设得兰郡（Shetland）。然而设得兰郡的居民在意识上始终认为自己属于斯堪的纳维亚地区，而非苏格兰。

费尔岛针织就是诞生在费尔岛这座气候地理环境恶劣、地处多国海上航线要道、受多国及地区文化影响的小岛。其特殊的地理、历史、文化都在不经意间渗透于其美妙绝伦的针织品中。

第二节 费尔岛针织品的界定

费尔岛针织品是图案、工艺与地域历史文化综合的产物，也是传统工艺与时尚结合、使传统元素获得新的生命力与影响力的成功范例。费尔岛针织品的图案、工艺不仅在西方针织领域具有较为久远的历史，是传统针织服装与工艺的突出代表；而且做到了与当代时尚密切结合，在国际时尚领域中得到广泛应用。

随着越来越多的元素被囊括进传统费尔岛针织品中，费尔岛针织品从其产生之初至今内涵不断扩充变化，致使今天的费尔岛针织品与传统费尔岛针织品相比已经大相径庭。因此首先明确传统费尔岛针织品的定义，才能够了解和分析在传统基础上演变而来的、具有费尔岛针织品设计元素的、多元化的针织产品。基于传统费尔岛针织品自身的独特性及其地域文化的多元性，下面从传统费尔岛针织品的特点及地域文化进行综合定义。

传统费尔岛针织品所包含的主要设计元素有：图案、色彩、编织方式和材料。

就传统费尔岛针织品而言，图案与丰富的色彩相结合已经成为传统费尔岛针织品最为突出的特征之一。传统的费尔岛针织品的图案基本为简单几何形，如交叉的十字和六边形图案等；另外也有自然题材的图案，如蕨类的叶子、花卉等。费尔岛针织品的图案排列及色彩布局具有很强的规律性，组合图案大多以横条状排列。

就色彩而言，传统费尔岛针织品在近百年间采用的色彩总体上呈现由丰富天然（未漂染的自然毛色）至简约明快的发展状态。就色彩的具体应用而言，既使用设得兰郡绵羊的天然毛色——乳白、深灰、蜜糖色、褐色等，也采用鲜艳的红、黄、蓝等染料漂染的色彩。其精

[1] 斯堪的纳维亚文化（Scandinavian Culture）："斯堪的纳维亚"一词的现代用法源自19世纪中叶的"斯堪的纳维亚政治运动"。"斯堪的纳维亚"一词在地理上包括瑞典、挪威和芬兰的一部分，但政治上"斯堪的纳维亚"还包括丹麦。1952年北欧理事会成立，斯堪的纳维亚一词的政治含义则被"北欧国家"所取代。斯堪的纳维亚文化泛指北欧地区的文化。

妙之处就在于能够将多种图案与色彩巧妙地组合，达到整体上的和谐统一。

在编织方式上，传统费尔岛针织品采用有虚线提花的编织工艺，使织物正面呈现纬平组织正面的平整外观，而背面呈现横向浮线外观。针织品由此而产生的双层效果与单层针织品相比更加保暖，这一点对于生活在寒风凛冽的北海小岛上的居民而言是相当重要的。传统费尔岛织物与其他有虚线提花织物都是由多种颜色的纱线编织而成的，不同之处在于费尔岛针织品在编织制作时，每行图案仅使用两种颜色的纱线编织，为两色有虚线提花织物，并通过更换不同行参与编织的纱线，呈现出丰富多彩的图案效果，该编织工艺也保证了织物背面的平整性。

在原料上，传统费尔岛针织品的编织材料主要采用产自设得兰主岛的柔软细腻的雪兰羊毛（Shetland Wool）。

在地域文化上，传统的费尔岛针织品源自于苏格兰北部隶属设得兰郡的费尔岛，然而随着时间的流逝，真正由费尔岛居民自行生产的针织产品已经越来越少，绝大多数费尔岛针织品都来自于设得兰郡的其他小岛。因此，传统费尔岛针织品与出自于设得兰郡的提花针织品在一定意义上可以等同。❶

因此，书中所涉及的费尔岛针织品，从时间上，贯穿费尔岛针织品从产生到发展至今的整个时间段。在地域上，泛指设得兰郡及其他编织具有费尔岛针织设计元素的针织品的地区。在内容上，既涉及传统费尔岛针织品，也包括20世纪中后期由于政治、经济和科技多方面原因，由其他国家和地区渗入或在本地自行演变而形成的那些杂糅着非传统费尔岛针织设计元素的针织品。

第三节　传统费尔岛针织品的品类

传统费尔岛针织品的品类，包含费尔岛针织服装及配饰。费尔岛针织服装，是将传统的费尔岛针织花型应用在不同款式的服装中，包括套头衫、马甲、针织开衫、针织夹克衫等。费尔岛针织配饰，包括袜子、围巾、手套、帽子、腕套、钱袋等。

一　服装

Jumper是不同品类套头类针织衫的统称，有立领、V领、青果领、船型领、圆领、方领等多种款式，其中最具代表性的是风靡20世纪20年代的V领套头衫。套头衫除领型多变外，

❶ FEITELSON Ann. The Art of Fair Isle Knitting: History, Technique, Color & Patterns [M]. UK: Interweave Press, 2009: 13.

袖型也可分为长袖、蝙蝠袖、方形袖等。通常采用周身布满图案的方式编织制作，不同形式的费尔岛针织图案均可应用其中。

另外，在套头衫的下摆、领口和袖口都有不同形式的装饰图案，主要有散点图案（Seeding）、彩色罗纹和素色罗纹三种，如图1-3所示。其中彩色罗纹和散点图案在20世纪早期的费尔岛针织服装中较为常见，后来随着费尔岛针织服装图案的不断简化，素色罗纹被广泛用于针织服装的领口、袖口和下摆。

(a) 散点图案

(b) 彩色罗纹

(c) 素色罗纹

图1-3　套头衫下摆
（设得兰郡博物馆）

立领套头针织衫（Jumper），在早期的费尔岛针织服装中比较常见，这一款式兼具防寒性、运动机能性与实用性。从下页表中可以看到早期的立领费尔岛套头针织衫为原身出领，领子是通过收针和减针的方式直接编织而成，与大身浑然一体，不用单独缝合连接。立领的设计具有很好的防风保暖效果，而立领套头针织衫的另一特殊之处在于袖笼的设计。袖笼和袖山均为直线，服装整体款型为平面结构，在服装的腋下部位采用单独编织的织片连接袖子与大身，这是针对服装腋下部位容易磨损的问题而做的特殊设计，腋下的织片在破损后可以单独更换，而不影响整件毛衣的使用。

V领套头针织衫，在20世纪早期开始流行，并频繁出现在高尔夫球场、网球场等运动场所的着装中，并且此类服装已不再是男性的专利，上流社会的女性在参与运动时也乐于穿着费尔岛V领套头针织衫。此时穿着费尔岛V领套头针织衫已为一种社会风尚。

马甲（Slipover Vest），一般为无袖V领，形式类似没有绱袖的套头衫。

育克针织衫（Yoke Sweater），是20世纪六七十年代非常流行的费尔岛针织服装款式。在服装领子到肩部育克（Yoke）的制作上采用了带有费尔岛针织图案的提花。

针织开衫(Cardigan)，其基本款为长袖V领单排扣样式，衣长及臀围线，也有圆领针织开衫（Lumber），其袖子的长短可不断变化，服装的闭合方式也多种多样，包括一粒扣、挂钩闭合、拉链门襟等形式。

针织夹克衫（Jacket），基本形制同开襟针织衫，但衣长短于开襟针织衫，在腰围线上下，服装通常以拉链形式开合，与费尔岛针织图案结合的针织夹克衫在20世纪中后期出现较多。

费尔岛针织服装的不同款式和应用

款式	特点	款式图	应用
立领套头针织衫	立领、长袖、腋下有单独缝制的可替换片		
V领套头针织衫	V领、长袖		
马甲	V领、无袖		
育克针织衫	育克有装饰图案的针织衫		
V领针织开衫	V领开衫		
圆领针织开衫	圆领开衫		
针织夹克衫	带有拉链的夹克		

注　款式图采用AI软件绘制，应用图来自设得兰郡博物馆。

二 配饰

袜子，常见的有长筒袜（Hose）和短袜（Socks），如图1-4所示。在费尔岛针织袜中呈横向排布的图案较为常见，也有呈纵向排布的图案，通常一双袜子上的图案不能形成一次完整的循环。

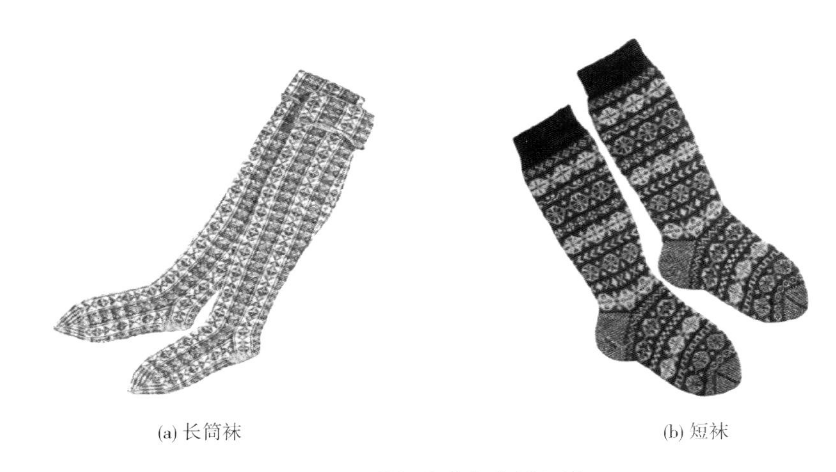

(a) 长筒袜　　(b) 短袜

图1-4　19世纪的费尔岛针织袜子

（苏格兰皇家博物馆）

围巾，一般由横向排布的图案构成，也有呈菱形和网格排布的图案编织的围巾。围巾图案的排布具有很强的规律性，如图1-5所示。围巾的第一行图案与最后一行图案相同，第二行的图案与倒数第二行的图案相同，以此类推，而位于围巾中间、处于颈后的一行图案则是独一无二的，即围巾对折后整体图案相对称。

(a) 编织于1915年的费尔岛围巾

(b) 现今费尔岛居民编织的围巾

图1-5　费尔岛针织围巾

（设得兰郡博物馆）

手套，费尔岛针织手套一般分为分指手套（Gloves）和连指手套（Mitts）两种，如图1–6所示。手套的手背面采用“挪威之星”（Norwegian Stars）图案，手掌面采用散点图案。图案的具体分类及寓意详见第三章。

(a) 分指手套

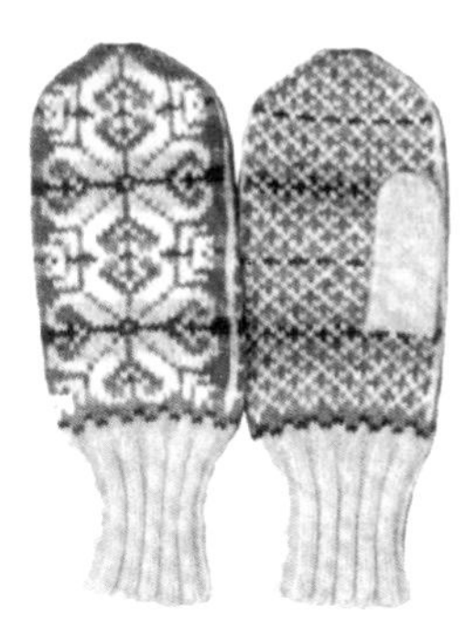

(b) 连指手套

图1–6 现今费尔岛居民编织的手套

（FEITELSON Ann. *The Art of Fair Isle Knitting: History, Technique, Color & Patterns* [M]. UK: Interweave Press, 2009: 50, 51）

帽子，在费尔岛针织帽子中出现较多的帽子类型为传统帽子（Cap）、渔夫帽（Fishman Cap）和塔米便帽（Tammy），如图1–7所示。塔米便帽是维多利亚时期年轻女子争相佩戴的帽子，而费尔岛版的塔米便帽更是广泛流行。

(a) 1850年的丝质帽子
（苏格兰国立博物馆）

(b) 19世纪末20世纪初的渔夫帽
（苏格兰皇家博物馆）

(c) 塔米便帽
（设得兰郡博物馆）

图1–7 费尔岛针织帽

腕套，在早期的费尔岛针织商品中较为常见，形式有些类似现在运动服饰中的护腕。腕套两端为罗纹组织，中间为费尔岛提花图案，如图1–8所示。

图1–8 费尔岛针织腕套
（苏格兰皇家博物馆）

钱袋，在早期的费尔岛针织商品中也较为常见，一般为五边形，底部较尖，有流苏。饰有OXO图案和散点图案，如图1–9所示。

(a) 毛质钱袋　(b) 丝质钱袋

图1–9 1850年代的费尔岛针织钱袋
（苏格兰国立博物馆）

CHAPTER TWO

THE HISTORY ORIGIN AND DEVELOPMENT

第二章

费尔岛针织品的历史源流

2

Part 2

第二章　费尔岛针织品的历史源流

费尔岛针织品如何产生，自何时产生，至今还没有可靠的文献记载和确切的实物证据。然而根据现有的资料我们可以了解到，早在19世纪费尔岛针织品就已经作为商品销售，并在整个20世纪蓬勃发展遍及世界各地，成为提花类针织品的经典范例。其背后的经济、政治、社会等多重因素，造就了费尔岛针织品从其最初的单一形制向多元化发展；从最初的渔夫装变为皇室贵族的新宠；从T台秀场上的时尚风向标变为普通消费者乐于穿戴的日常服饰的发展历程。费尔岛针织品的发展贯穿了几个世纪，其演变过程都清晰地展现在其图案、色彩和工艺细节中。追溯费尔岛针织品的起源与早期发展状况是为下文研究20世纪费尔岛针织品的蓬勃发展做铺垫，使其后的分析研究有源头可循。

第一节　费尔岛针织的起源

关于费尔岛针织的起源一直以来观点众多。主要可将其概括为外来传入和本土产生两种立场，以下列举几种被提及较多且较有公信力的观点加以阐述和分析。

一　外来传入说

费尔岛气候湿冷多风，当地居民以捕鱼和牧羊为生，由于常年在外捕鱼，御寒的服装显得尤为重要。采用当地羊毛编织的针织服装，可以挡风隔潮无疑是良好的御寒服装，同时针织服饰与梭织服饰相比，又具有很好的运动机能性，便于外出劳动穿着。费尔岛针织服装产生的背景与其他气候民风相似的小岛一样，都是为了现实生存而制作的实用性服饰，然而不同之处在于，费尔岛针织服装并不像根西岛的御寒针织衫那样质朴。与颜色朴素、图案简单、颇具实用性的根西毛衫相比，费尔岛针织品更像是别具匠心的艺术品。

以图案丰富、色彩绚丽、制作精美而闻名于世的费尔岛针织品诞生于一个生存环境恶劣的偏僻小岛，这二者的联系就像一个悖论。因此，早在19世纪，当人们书面提及费尔岛针织品时，都将它的产生与外来文化联系在一起。

1. 西班牙无敌舰队

1588年，在伊丽莎白一世统治时期，西班牙无敌舰队中由麦地那（Medina）公爵率领的战舰在通过英吉利海峡时，在费尔岛的东侧海域遭遇海难，公爵和幸存的船员来到费尔岛。这个故事首次将费尔岛与西班牙无敌舰队联系在一起。然而，这次意外的造访并没有在费尔岛的历史上留下太多痕迹，在公爵及其船员登陆费尔岛后，当地居民为防止引起饥荒，藏匿食物，最后幸存的少数船员和公爵借船逃至设得兰群岛的主岛后返回西班牙。[1]

另一个将西班牙无敌舰队海难与费尔岛针织品联系在一起的故事，记述在1856年。

西班牙无敌舰队海难生还的公爵及其船员最先教会费尔岛当地居民针织编织技术，这一时期费尔岛当地的针织品和西班牙南部地区的很相似，因此会引发人们联想费尔岛针织与那次意外造访的种种关联性。在整个19世纪末，西班牙舰队、海难、公爵及其幸存的船员成为当地传说中必不可少的内容，并在杂志和旅行日志中被频繁提及。

在20世纪20年代，在杰西·萨克斯比（Jessie Saxby）一本名为《设得兰针织品》（*Shetland Knitting*）的小册子里，延续了关于西班牙舰队的传说。书中称这种具有丰富色彩、奇异花纹的针织品，是海难中幸存的西班牙人传授给当地居民的。而在费尔岛的临时安全避难所发现的无敌舰队的残骸也为那次造访提供了进一步的证据。

现今该理论依然有支持者，亨氏·埃德加·基维（Heinz Edgar Kiewe）首先提出航海的维京人复制北非的地毯图案，将其用于费尔岛针织衫。并在其《创意着装》（*Creative Dressing*）一书中写道，在海难中生还的西班牙水手身着有图案的针织衫和围巾，而在20世纪末西班牙正受北非的摩尔人统治，费尔岛的当地居民复制了这些图案并将其加入他们的传统图案里。

亨氏·埃德加·基维的这些观点虽然没有现实可靠的证据，然而这些关于早期费尔岛针织的参考是有启发性的。费尔岛针织被形容为“奇特的”“丰富的”“色彩绚烂的”，语言的修饰作用是如此强大，以至于人们会不自觉地认为这些独具特色的图案来自异域。

在19世纪中期之前，去设得兰岛和费尔岛的旅行者们无人提及这种有图案的针织品，这是费尔岛针织发展史上空缺的一环。在苏格兰国家博物馆里的针织品织片最早可追溯到1850年，但很难根据捐赠的手工制品确定该地区针织品起源的时间。因此，最终难以证实费尔岛

---

[1] STARMORE Alice. Alice Starmore's Book of Fair Isle Knitting [M]. US: Dover Publications, August 21, 2009: 10–12.

针织的产生是源于西班牙无敌舰队的造访这一观点。当然这个故事的流传无疑为散发着异域色彩的费尔岛针织品平添了几分神秘感，激发起人们对（故事提及的）费尔岛针织品本身的兴趣。

2. 频繁的对外交流

费尔岛针织品与西班牙的联系，虽然是没有确凿证据的故事，但却说明费尔岛当时所处的环境。当时费尔岛与大陆相距甚远却与周边国家和地区联系密切。维京人、法国私掠船、英国皇家海军以及荷兰的渔民都可能在不同时期造访费尔岛，费尔岛的针织图案很可能是复制外来的织片或陶器上的图案。

费尔岛在英文中有交易之意，也代表着其历史文化在语言领域的延伸。在17~18世纪，设德兰岛与周围其他地区的商业往来更加频繁，欧洲其他地区的商人以海岛上没有的鱼钩、渔网、面粉、亚麻和啤酒等与当地居民交易来获取鱼类。外来人员对设德兰岛的影响如此之大，以至于1752年5月的伦敦杂志写道，设德兰岛的小镇由于外来船只持续不断的往来交易变得十分富足。

18世纪英国与欧洲其他国家的战争使船只在英吉利海峡航行变得十分危险，这使得设得兰岛和费尔岛与外界的联系更加密切。商人为确保货物的安全从太平洋北上，途中会经过设得兰岛和费尔岛。这一状况在1701年传教士的书信中有所提及。

图2-1中所示的线路为荷兰从本国到西印度群岛提供了便利，开拓了可延伸至北美洲的广阔航海线路，并且自18世纪80年代以后，英国与波罗的海的瑞典、丹麦、爱沙尼亚间建立

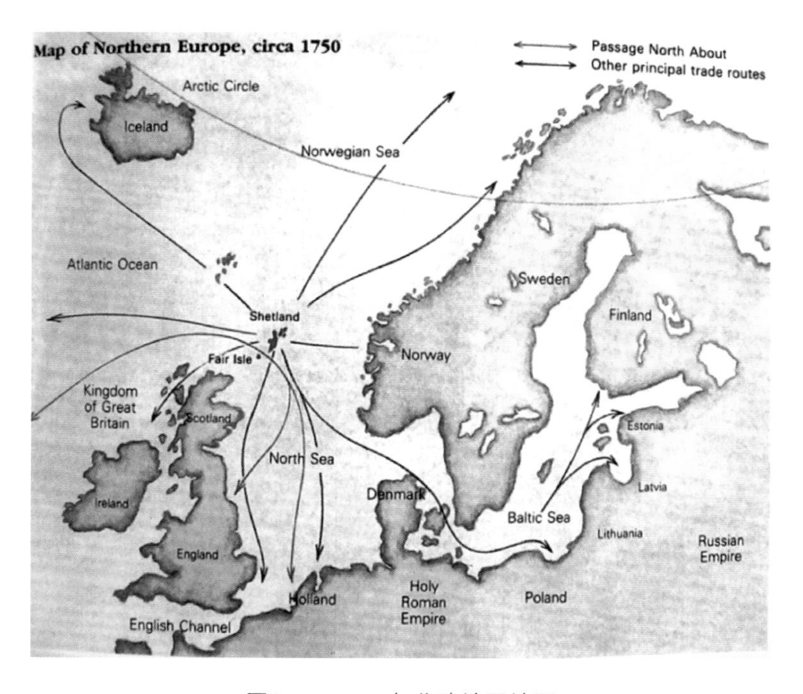

图2-1 1750年北欧地区地图

（STARMORE Alice. *Alice Starmore's Book of Fair Isle Knitting* [M]. US: Dover Publications, August 21, 2009: 11）

了重要的航线。直至1815年拿破仑战争结束，北海航线变得不再至关重要时，设得兰岛仍旧是欧洲至北美航线的重要中转地。[1]

费尔岛与外界的广泛接触使得费尔岛针织品的图案素材来源于外界成为可能。然而，费尔岛针织品的图案素材是否来自于外来的某一单一素材？这些素材又源自何方？或者这些素材十分特殊，后来是否已完全消失了踪影？这些问题都没有明确的文献记载和实物例证可以证明和解答，因此这里不能完全确定费尔岛针织的产生与外界交往有必然联系。或许特殊环境下的频繁对外交流不是费尔岛针织产生的根本原因，然而其对费尔岛针织日后的蓬勃发展却是不可忽视的助力，后续章节在提及费尔岛针织的发展原因时，将进一步阐述。

二　本土产生说

上文已经对费尔岛针织品外来传入说的几种观点进行了阐述和分析，其中并没有探寻到明确的线索，下面将费尔岛针织品的起源研究拉回到费尔岛本土，从费尔岛针织图案本身探索其产生的缘由。

1. 宗教衍生说

几乎所有早期的费尔岛针织图案都源自于OXO图案，这让人很容易将这些常见的几何图案与宗教的神秘符号相联系，而O形图案中的十字架更容易让人将这些神秘图案与宗教联系在一起。

在Sarah Don1979年出版的《费尔岛针织品》（*Fair Isle Knitting*）一书中，声称费尔岛针织品的图案是由宗教和民族符号组成。这一观点意在指出费尔岛针织品的丰富图案是在早期基督教的影响下结合了当地的地域民情而产生，可以被看作是宗教信仰对费尔岛针织品影响的延伸。

早期的费尔岛居民确实信奉基督教，而早期基督教的一支凯尔特传教士们携带的凯尔特十字架（The Celtic Cross）与OXO图案亦有着惊人的相似之处。如图2-2所示，费尔岛针织的O形图案与凯尔特十字架在形式上极为相似，并且不仅是外形相似，在历史文化上两者也有可能有着密切联系。

这种十字架的由来可以追溯到5000年前，传说称，是圣哥伦巴将十字架带入爱尔兰，其最大的特点是有环形连接传统的十字架。在整个英联邦和爱尔兰共和国的许多地方都有凯尔特十字架，这种十字架被确认为早期基督教的标志。但基于十字架所处位置的不同，不是所有的十字架都用于宗教：有些十字架被立在路边作为路标来指引徒步旅行者，也有一些立在港口和岸边来指示哪些区域是安全或哪些地方有危险[2]。

---

[1] STARMORE Alice. Alice Starmore's Book of Fair Isle Knitting [M]. US: Dover Publications, August 21, 2009: 10-12.

[2] YANG Yingtian. The Significance of the Celtic Cross [EB/OL]. [2010-09-06]. http://www.cybercauldron.co.uk/?p=615.

(a) 凯尔特十字架

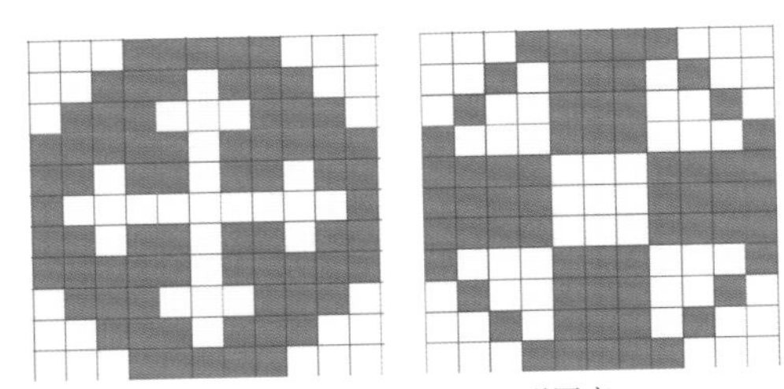

(b) 费尔岛针织图案中的O形图案

图2-2 凯尔特十字架与费尔岛针织图案

（采用龙星电脑横机软件绘制）

因此，将这种具有护佑作用的十字架运用在日常穿着的服装上以求平安，保佑在外捕鱼的家人能够平安归来，为家人的归途指明安全的方向，对于费尔岛的居民而言无疑是对生活和家人充满了希望和爱的表现。由此而竭尽心力地编织美丽多彩的针织衫也变得可以理解，并且也是在艰苦环境生存的小岛居民乐观积极生活态度的写照。

2. 日常生活衍生说

传统费尔岛图案都有一个共同的特征：图案至少有两条对称分割线，通常是四条对称分割线。穿过图案的中心可呈现垂直对称分割、水平对称分割或者对角线对称分割。这种模式是与针织编织工艺相适应的，对称规律的图案更易于记忆和编织，在第一行图案编织完成后，即可作为其后几行的编织参照。对编织者而言，编织有两条对称线的图案要容易得多，并且这种形式的图案有助于处理织物背后的浮线。

斯达摩·爱丽丝（Starmore Alice）在1989年出版的《费尔岛针织品大全》（*Book of Fair Isle Knitting*）一书中认为，这些有对称线的抽象几何图案不是完全由当地居民创造的，这些图案存在具体的原型，这些原型是来自于制作黄油的牛奶桶盖，在苏格兰使用这些圆形盖子已有数百年的历史了。工匠们设计这些不同类型的盖子都是为了解决同样的问题，即如何搅拌一整桶的牛奶，而这种特殊形制的桶盖，有效地解决了这一问题，如图2-3所示。不仅仅是牛奶桶盖可能是费尔岛针织品图案的原型，费尔岛日常环境中的动植物、生活用具都在费尔岛针织品中有着或多或少的体现，以下从自然、生活两方面进行列举说明。

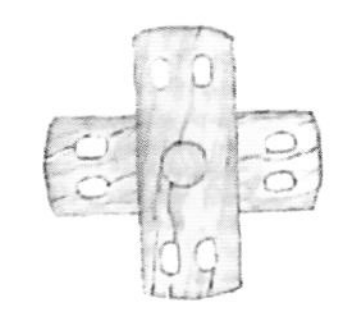

North Ulst, Western Isles

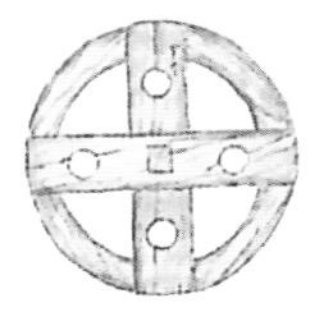

Papa Stour, Shetland

Fetlar, Shetland

Dunrossness, Shetland

Burwich, Shetland

图2-3 OXO图案的原型

（STARMORE Alice. *Alice Starmore's Book of Fair Isle Knitting* [M]. US: Dover Publications, August 21, 2009: 13）

费尔岛作为多山的海岛，海与山丘是日常生活中的常见之物，将与居住地环境相仿的海与山丘编织在穿着的服装中，如图2-4、图2-5所示。波浪与山巅体现着当地居民对家园的情感，虽然生存环境艰辛却依然欣赏着自然的美。

(a) 波浪

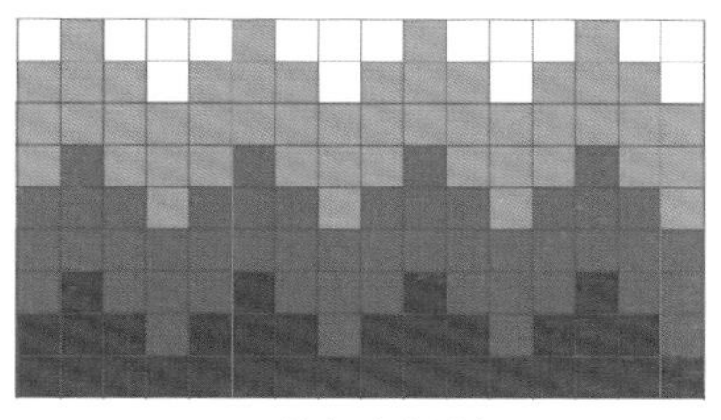

(b) 针织波浪图案

图2-4　波浪与费尔岛针织图案

（采用龙星电脑横机软件绘制）

(a) 山巅

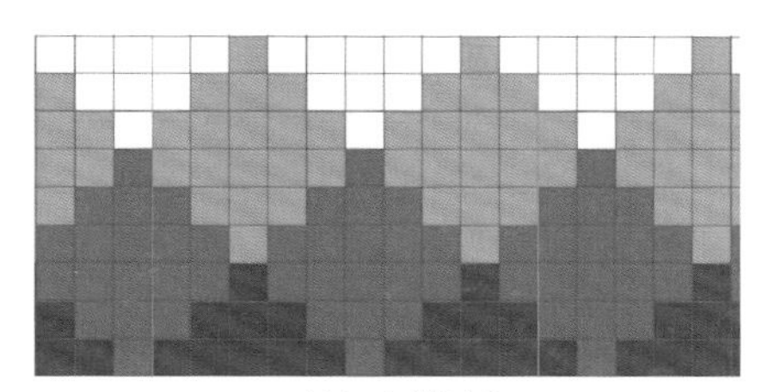

(b) 针织山巅图案

图2-5　山巅与费尔岛针织图案

（采用龙星电脑横机软件绘制）

此外，在费尔岛山丘随处可见的松树、四叶草及花卉图案也被应用其中，如图2-6所示。四叶草在西方被认为是亚当夏娃从伊甸园带到人间的幸福草，拥有者可以获得幸福和欢乐，费尔岛居民将其用于针织品图案，包含着对着装者的美好祝福。

(a) 四叶草

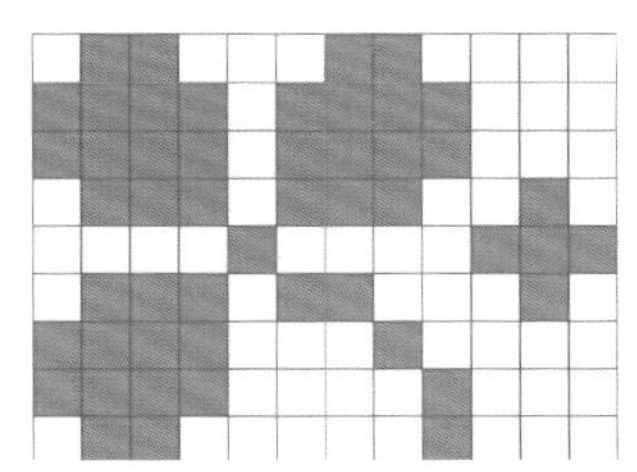

(b) 针织四叶草图案

图2-6　四叶草与费尔岛针织图案

（采用龙星电脑横机软件绘制）

以捕鱼为生的费尔岛居民平日接触最多的莫过于渔网和船锚，因此在整个费尔岛针织品的构图中存在大量渔网状的菱形网格构图，并且单独的菱形图案也屡见不鲜，如图2-7所示。渔网形象被不断变化与反复运用于针织品中，足见捕鱼在费尔岛居民生活中的重要地位。

(a) 渔网

(b) 针织渔网图案

图2-7 渔网与费尔岛针织图案

（采用龙星电脑横机软件绘制）

锚形图案与缆绳图案如图2-8所示。当地居民出海捕鱼时，除渔网外，锚是保证安全正常捕鱼的不可或缺之物。另外锚也与围绕费尔岛展开的频繁商业贸易有关，外来船只在费尔岛落锚，费尔岛居民与其交易，换取日常用品。渔网和锚为费尔岛当地居民带来了食物和其他生活物资，可以说是恶劣生活环境中的福音。

(a) 锚与缆绳

(b) 针织锚形图案

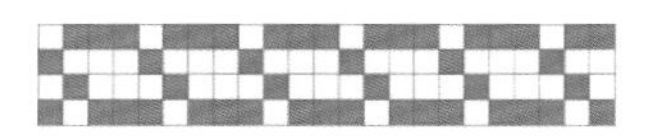

(c) 针织缆绳图案

图2-8 锚、缆绳与费尔岛针织图案

（采用龙星电脑横机软件绘制）

缆绳图案的原型是与锚紧密结合在一起的，缆绳图案最初可能是与锚形图案一起被引入费尔岛针织品图案的，有趣的是该图案后来经常被作为分隔不同图案的装饰线出现在费尔岛针织品图案中，与锚形图案一起出现的情况却不是很多。

心形图案是费尔岛针织品图案中常见的抽象图案，并且通常是以连续的形式出现，如图2-9所示，很容易让人联想到心心相印、心心相连等寓意。这类图案的应用可以理解为是费尔岛居民牵挂、担心在外捕鱼家人安危的体现。

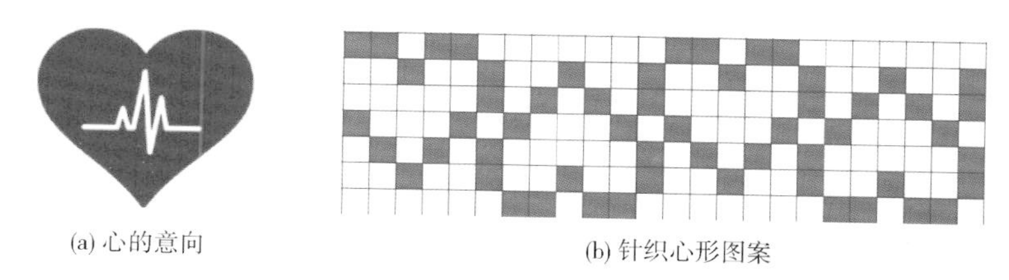

(a) 心的意向　　(b) 针织心形图案

图2-9　心的意向与费尔岛针织图案
（采用龙星电脑横机软件绘制）

由此可见，费尔岛针织品丰富的图案并非凭空产生，而是有切实的原型作为基础，将简单的原型变化为丰富多彩的图案，图案在美观的同时又被寄予种种美好的憧憬和祝福。将外在品质与内在寓意完美地结合在一起，才使得费尔岛针织品的内涵更加丰富，更具生命力。

第二节　20世纪前的费尔岛针织品

尽管在1902年由佩斯力（Paisly）公司提供的费尔岛针织服装已经到达南极大陆，这些具有异国风格的图案对于维多利亚时代（1837~1901年）的人们依旧没有吸引力。那时期的妇女大多穿着精致的蕾丝披肩而非针织衫，能够在湿冷天气中保暖的针织内衣也是主要商品，因此，设得兰岛的居民此时专注于设得兰披肩及针织内衣的制作。采用设得兰岛柔软羊毛编织的内衣、睡帽、手套等针织品都是当时最主要的针织商品，而费尔岛制作的针织衫只占设得兰岛针织产品中很小的份额[1]。

来自19世纪的几份商品目录较真实地反映出当时整个设得兰地区的针织品销售状况及早期费尔岛针织品与同期设得兰岛针织品的区别。一份来自于安德森公司（Anderson & Co.）的针织商品目录显示费尔岛针织品通常与设得兰岛生产的素色针织内衣及提花手套分开登记，并且费尔岛针织品总是被登记在目录的末页。类似的登记还出现在1910年设得兰郡手工编织品公司及1924年詹姆斯·A.史密斯（James A. Smith）制造商的商品目录中。费尔岛针织品一直以来都被放置在商品目录的末页，表明它并不是主要的日常穿用服装。[2]鉴于它较高昂的价格，这种特别的商品一般被作为有价值的礼物、纪念品或是时髦的配饰。

在安德森公司的针织商品目录中还给几双同色的手套拍了照片，其中包括来自设得兰主

---

[1] MCGREGOR Sheila. Traditional Fair Isle Knitting [M]. US:Dover Publications, 2003: 11-12.

[2] FEITELSON Ann. The Art of Fair Isle Knitting: History, Technique, Color & Patterns [M]. UK: Interweave Press, 2009: 21-23.

岛的“精选手套”（Fancy Gloves）[1]，同时出自费尔岛的商品中也包括分指手套，从中可以看出早期费尔岛针织品与设得兰提花针织品的不同风格，如图2–10所示。

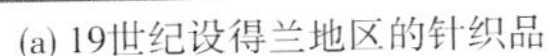

(a) 19世纪设得兰地区的针织品

(b) 19世纪费尔岛的针织品

图2–10　早期费尔岛针织品与设得兰提花针织品

（FEITELSON Ann. *The Art of Fair Isle Knitting: History, Technique, Color & Patterns* [M]. UK: Interweave Press, 2009: 24）

设得兰地区的针织品风格是这一时期针织手套的风尚，它的图案略小于费尔岛针织图案（通常图案为17行或19行），由更简单的几何图案（图案为9行或更少行数）组成，采用两种自然毛色的纱线编织，如图2–11所示。而费尔岛风格的针织品则采用多种颜色的纱线编织，至少有四种且包含染色纱线。另外，设得兰风格的针织品采用单一的循环图案，而费尔岛风格的针织品每条图案都不相同，并且每条图案都包含两个元素，即八边形和X形，甚至更多图形。当八边形内部的图案变化时便可以形成各种新图案，组合方式无穷无尽。

(a) 针织手套
（设得兰居民编织的19世纪针织手套的复制品）

(b) 针织钱包
（设得兰博物馆）

图2–11　设得兰地区风格的针织品

[1] 精选手套：19世纪设得半岛具有代表性的针织品，采用类似蕨类叶子或鱼骨的简单几何图案，使用两种自然毛色纱线编织的分指手套。

图2-12　19世纪的费尔岛短袜
（苏格兰皇家博物馆）

在早期的费尔岛针织服装中，黄色一般和棕色或蓝色搭配使用，而红色搭配白色。图案或呈菱形网格状或呈八边形，与X形图案组合排列。在编织时单行图案能形成完整的循环，但相邻两行的图案并不是总能对称同时形成完整的循环。如图2-12所示的短袜，上下行的图案不能对齐，并且图案颜色的分布也不总是规律对称的。这一时期色彩和图案的不协调可能是由光线不足导致的：费尔岛居民的家中没有电灯，并且房屋窗户很小甚至没有窗户，他们在漫漫冬夜编织时只能靠火光和石蜡灯照亮，因此编织工作总是在夏季和白天被优先完成。

图2-13　同时具备费尔岛和设得兰地区风格的围巾
（设得兰博物馆）

至19世纪末20世纪初，费尔岛针织逐渐受到公众的关注和认可，在设得兰的针织内衣和披肩销量不断下降时，费尔岛针织品的发展日渐蓬勃，设得兰郡主岛上会编织设得兰风格图案的居民很容易吸纳费尔岛针织图案，因而这一时期的费尔岛针织风格与设得兰针织风格很容易被融合，并同时出现在服装上。图2-13所示的编织于19世纪的围巾上同时出现了两种风格：窄横条中包含了蕨类、鱼骨图案，是典型的设得兰风格；而宽横条是由红、黄、棕、白四色组成的费尔岛风格图案。进入20世纪设得兰风格的针织品逐渐被色彩丰富的费尔岛针织品取代，但设得兰风格并未完全消失，而是与费尔岛风格针织相融合[1]。

第三节　20世纪的费尔岛针织品

费尔岛针织是图案、工艺与地域历史文化的综合产物。不仅在西方针织领域具有较为久远的历史文化，也是传统针织服装与工艺的突出代表；而且从其产生之初至今一直是一种不断演变、融合新兴元素的针织品。其传统文化的传承和多元文化的融合也是同步进行的，无论是大众成衣还是时尚前沿的高级时装，费尔岛针织品的设计都能以其独具一格与兼收并蓄

[1] FEITELSON Ann. The Art of Fair Isle Knitting: History, Technique, Color & Patterns [M]. UK: Interweave Press, 2009: 23-25.

的特性成为当时时尚领域不可或缺的亮点。20世纪是费尔岛针织品从极具地域特色的服饰不断向国际化时尚流行服饰转变的重要时期，可以说费尔岛针织服装是从20世纪才真正走入人们的视野。下面将整个20世纪费尔岛针织的发展状况划分为四个时期，并以二十年为界依次论述，最后针对20世纪费尔岛针织蓬勃发展的原因进行分析，探寻值得借鉴和参考的经验。

一 20~30年代：栖身上流社会，引导时尚潮流

费尔岛针织品在20世纪20年代呈现上升的流行趋势要归功于威尔士王子，也就是后来与美国离异女子华里丝·辛普森（Wallis Simpson）结婚而放弃王位的爱德华八世。1922年，他在圣安德鲁斯（St Andrews）参加皇家传统的高尔夫球运动时身穿费尔岛针织套头衫，如图2-14所示。能够得到王室的认可，是费尔岛针织品进入上流社会并成为人们争相效仿的时尚潮流的重要转折点，威尔士王子对当时穿着的费尔岛针织品寄予了极高的赞誉，他在家族纪念册上写道：

> "I suppose the most showy of all my garments was the multicoloured Fair Isle sweater, with its jigsaw patterns, which I wore for the first time while playing myself in as Captain of the Royal & Ancient Golf Club at St Andrews in 1922." [1]

图2-14 穿着费尔岛针织衫的威尔士王子

（MCGREGOR Sheila. *Traditional Fair Isle Knitting* [M]. US: Dover Publications, September 19, 2003: 16）

如果上流社会的青睐使费尔岛针织品成为时尚新宠，其影响力和知名度的不断拓展则是由于第一次世界大战的影响和战后女权运动的高涨。此时的女性已不再是维多利亚时代包裹在蕾丝中的家庭主妇，她们开始要求在政治、经济上获得与男性同等的权利，在服装上表现为女性服装的简化和运动机能性的不断增强。如图2-15所示，题为《她离变成男人还有多远》的漫画中与男子穿着相同的费尔岛针织服装、留短发的女性形象即是当时思潮的写照[2]。V领作为20世纪的新款式，其首次出现源于男子需要将领带或领巾外露，后来也被用于女装，并成为20世纪20年代费尔岛针织衫的经典款式，如图2-16所示。这种具有小男孩风格的针织服装，恰到好处地迎合了女性的需求，身着V领费尔岛针织衫、留着短发和男

[1] RUTT Richard. A History of Hand Knitting [M]. UK: Interweave, 1989: 180–185.

[2] FEITELSON Ann. The Art of Fair Isle Knitting: History, Technique, Color & Patterns [M]. UK: Interweave Press, 2009: 38.

子一起打羽毛球的女性形象也成为当时女性形象的象征，如图2-17所示。费尔岛针织品也毫无悬念地成为当时最受追捧的流行服饰。

图2-15　来自1925年的漫画

（FEITELSON Ann. *The Art of Fair Isle Knitting: History, Technique, Color & Patterns* [M]. UK: Interweave Press, 2009: 38）

图2-16　20世纪20年代的针织衫

（设得兰博物馆）

图2-17　20世纪20年代的照片

（设得兰博物馆）

费尔岛针织品与时尚结合使其变得备受瞩目，销量也大增。由于当时的费尔岛针织品只能靠手工编制完成，几乎设得兰地区的所有妇女都开始学习编织针织品，并且利用一切闲暇时间编织。20世纪20年代，设得兰主岛和费尔岛的居民在图案和色彩方面继续革新，很多新图案被引入。

20世纪20年代费尔岛针织品的图案得到极大的丰富，这得益于费尔岛针织图案册的出版，如图2-18所示。这类图案册打破了以往邻里交换图案、口口相传的传播模式，而是通过专人搜集各种费尔岛针织图案，将其总结成册，以出版物的方式供编织者参考学习。这类备受追捧的图案册极大地丰富了当时费尔岛针织品的图案题材，对20世纪20年代费尔岛针织品进入鼎盛期起到了重要的推动作用。

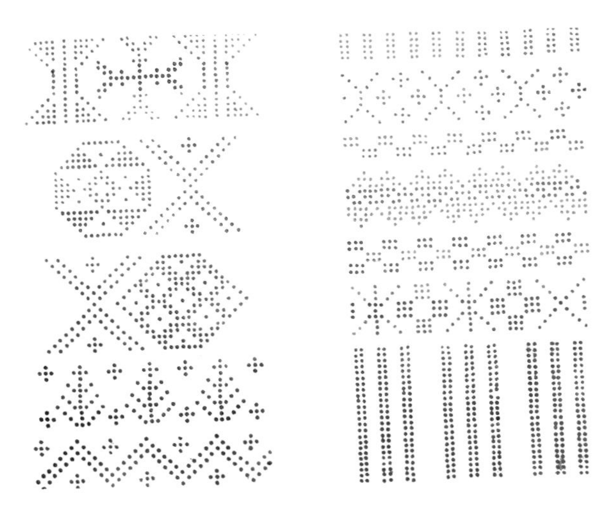

图2-18　20世纪20年代的费尔岛针织图案册

图2-19　20世纪20年代围巾织片
（苏格兰皇家博物馆）

此时色彩的使用也出现了新颖大胆的趋向。由于家庭染织和工厂染织的应运而生，促使这一时期的费尔岛针织品色彩达到前所未有的鲜艳和丰富程度。如图2-16所示的针织衫以大面积未染色的白色与棕色为背景，同时织入家庭染色的红色、黄色、草绿色；再如图2-19中所示的围巾织片将翠绿色、黄色、蓝色、紫色无数次地混合使用。这些服饰中的颜色极其丰富、鲜亮醒目，甚至有些不和谐，都证明了20世纪20年代是费尔岛针织品大胆探索艺术新疆域的时期。

20世纪30年代，受全球经济萧条的影响，女装的流行趋势由直线型的“杰尔逊奴”样式向瘦长而带有优雅女性气质的风格转变。此时的费尔岛针织服装，已由20世纪20年代引导潮流的鼎盛期回落，为了迎合当时纤细甚至是被拉长的时髦女性形象，费尔岛针织服装开始变得更加瘦长而富于女性气质。

尽管全球经济萧条，市场对费尔岛针织品的需求依旧很大，面对设得兰其他针织品和机械化大生产的竞争，费尔岛针织品变得日趋保守，编织者开始使用色彩暗淡的自然色纱线编织，这一时期的费尔岛针织品色彩又倒退回费尔岛针织品的早期,如图2-20（a）所示。在30年代棕色和深蓝色的搭配也比较常见，如图2-20（b）所示，这件针织衫概括了早期费尔岛针织的主题：白色配红色，黄色配蓝色，并且图案各不相同。尽管30年代应用色彩的广度得到了拓展，然而与20年代相比，色彩的丰富性还较为局限，并且OXO图案与20年代相比也相对保守，自30年代起费尔岛针织服装开始表现出复古情怀并产生了自己的复古样式。

(a) 天然毛色的套头针织衫

(b) 带翻领的针织开衫

图2-20　20世纪30年代的费尔岛针织服装（设得兰博物馆）

二　40~50年代：吸纳北欧元素，革新原有设计

进入20世纪40年代，全球笼罩在第二次世界大战的动荡不安中。带有强烈男性色彩的军装样式成为这一时期女装的代表。费尔岛针织服装虽没有受女装男性化的强烈影响，但其风格也在战争的影响下发生了巨大的变革。

在1940年德国入侵挪威后，挪威难民将具有标志性的巨大的挪威星形图案和呈对角线的矩形图案引入设得兰郡，并对当地针织品设计产生了深远影响。这种星形图案比费尔岛所有的传统图案都要大，编织者们将这种在挪威通常采用黑白两色编织的图案与费尔岛针织品的色彩相结合，形成了色彩丰富的“北欧之星” 图案，并在之后的费尔岛针织品中广泛使用，使之发展成为费尔岛针织品中标志性的图案之一。挪威图案的引入，带来了全新的图案比例和排列方式，这是自费尔岛针织品产生以来最具标志性的变革，自此出现了纵向排列的图案，带来了全新的视觉冲击，如图2-21所示[1]。在结构上，高领针织衫大量出现，防御风寒

[1] FEITELSON Ann. The Art of Fair Isle Knitting: History, Technique, Color & Patterns [M]. UK: Interweave Press, 2009: 45-46.

图2-21　20世纪40年代“北欧之星”图案的费尔岛针织衫
（设得兰博物馆）

的功能性得到加强，这也许与战争中对军装功能性的要求有一定联系。

费尔岛针织品在40年代的另一显著变化反映在采用费尔岛针织图案制作的时装中。在款型上，出现了加垫肩的宽肩效果的费尔岛风格针织服装；在图案运用上，设计者将费尔岛针织图案作为装饰边应用在服装中，将大面积的纬平针组织与小面积提花组织装饰边相结合，美观干练的同时也便于制作。其主要的装饰方式有以下几种：

作为育克装饰环绕领与肩部，与套头衫相结合，如图2-22（a）所示，这一经典款式在其后的数十年中被反复应用于费尔岛针织服装。

作为V领针织开衫的肩部装饰，如图2-22（b）所示，这种装饰手法可能源于育克装饰手法与V领针织开衫的结合。

与V领针织开衫相结合，在腰部和袖口处做装饰花边，如图2-22（c）所示，形成装饰腰带的效果。

在V领针织开衫的门襟局部装饰费尔岛提花图案，如图2-22（d）所示，同时与内穿的套头针织衫的领部针织图案相结合，起到巧妙的装饰作用。

(a) 领口有装饰边的时装

(b) 肩部有装饰边的时装

(c) 腰部有装饰边的时装

(d) 门襟有装饰边的时装

图2-22　带有费尔岛针织图案装饰边的时装
（http://www.theretroknittingcompany.co.uk/fairisle.html）

另外，也可以局部运用费尔岛针织图案，在服装款式和结构上起到分隔作用。其主要的应用方式有以下几种：

与带有小翻领的套头衫款式结合，在前胸和袖子外侧做局部费尔岛针织提花装饰，如

图2–23（a）所示，通过不同针织组织的混用来塑造服装款式，强调人体上身的曲线。

以横条的形式装饰在套头衫的大身部分，加大每条OXO图案的间距，形成周身提花的效果，袖子则采用纬平针组织，如图2–23（b）所示，使服装款式结构更加分明。

仅在套头衫的大身铺满图案，袖子和服装下摆采用素色纬平针组织和罗纹组织编织，如图2–23（c）所示，起到强调大身提花图案的装饰作用。

费尔岛针织品与当时时装款式的结合使其更具时尚气息，同时使费尔岛针织图案的应用也越发灵活，不同于最初图案遍布全身的状态。费尔岛针织设计的侧重点由单纯的图案色彩设计向图案运用手法偏移，作为一种单纯的装饰性元素被广泛使用。

(a) 前胸、袖子运用提花图案

(b) 衣身运用间隔的提花图案

(c) 衣身满布提花图案

图2–23　局部运用费尔岛针织图案做结构分隔的时装

（http://www.theretroknittingcompany.co.uk/fairisle.html）

从20世纪50年代起，机械生产对费尔岛针织的发展产生了更为广泛而深远的影响。家用针织机自从30年代被引入设得兰后就不断扩展，到50年代已得到普及。此时机械编织的纬平组织针织产品大量出现，在有图案的费尔岛传统针织服装中纬平针织物所占的比例也不断上升，虽然这种针法源自20年代，将手工编织的费尔岛针织图案装饰花边与机械编织的纬平针织物组合而成的针织衫依旧很受欢迎，但从其图案和颜色的丰富性上都与20年代的费尔岛针织服装相差甚远。在众多带有费尔岛针织图案装饰边的服装中，含有育克装饰边的服装依然最

图2–24　有育克装饰边的圆领针织开衫

（http://www.theretroknittingcompany.co.uk/fairisle.html）

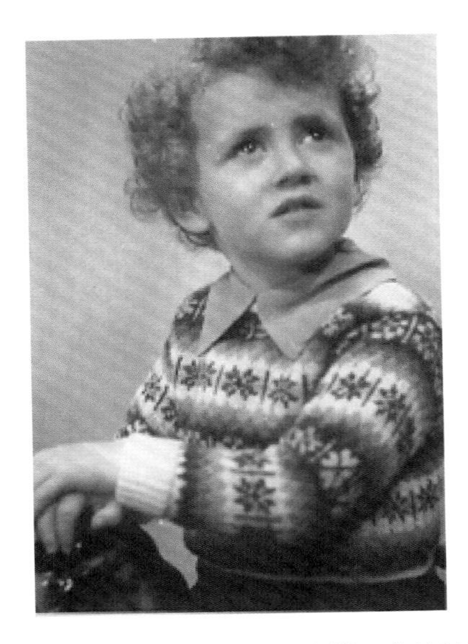

图2-25 20世纪50年代具有山巅图案的针织衫
（设得兰博物馆）

为流行，其应用也从最初的套头衫款式延伸至圆领开衫，如图2-24所示，成为人们钟爱的时髦服装。

这一时期，图案和编织方式上比较突出的革新点在于出现了一种类似波浪或山峰的菱形装饰图案，该图案以由深入浅的色彩重叠横向排列，如图2-25所示。这与米索尼的经典锯齿状条纹极为相似。这种装饰图案或与横条状排列的传统几何图案间隔排列，或单独运用在整件针织衫上，在一定程度上丰富了日趋单调的费尔岛针织图案。

三 60~70年代：简化传统元素，工业批量生产

作为50年代机械生产的延续，在60年代初到70年代中期，50年代曾颇受大众喜爱的经典针织衫款式——带有育克装饰花边的针织衫，再度流行。这款针织衫周身采用机械编织的纬平组织，仅在育克部分采用传统费尔岛针织图案做环形装饰，如图2-26所示，在美观的同时更便于制作。编织工人仅用不到5小时就可以完成整件针织衫，制作过程包括：手工编织育克，机械编织其余部分及缝合。由于视觉上具有手工编织的质感又易于制作，这款带有装饰性育克的针织衫在设得兰工厂生产的针织衫总量中占有很高比重，可观的产量与销售业绩使得其在当时的欧洲乃至北美地区流行甚广，成为大众着装的风向标[1]。

图2-26 20世纪60年代有育克装饰边的针织衫
（设得兰博物馆）

随着70年代能够编织双色图案的针织提花机械的引入，设得兰地区的手工编织针织品逐渐消失。尽管当地的学校还教孩子们编织，但是年轻的女性已不再编织，

[1] FEITELSON Ann. The Art of Fair Isle Knitting: History, Technique, Color & Patterns [M]. UK: Interweave Press, 2009: 47-49.

也不穿手工编织的服装，大多数人认为那是过时的。自从70年代设得兰地区建立了本地码头，增加了大量就业机会，当地经济也在整体上得到发展，出现了比手工编织针织品收入更高的工作，手工编织针织品这种被看作是苦工的劳动，也逐渐淡出当地居民的日常工作与生活。

从70年代起设得兰手工编织的风格就一直在重复过去的风格。这一时期盛行的带有育克装饰边的费尔岛针织服装（Fair Isle Yoke Sweater），其编织方式除设得兰地区本地居民手工编织与机械编织相结合外，也包括将育克与服装大身的其他部分统一编织的方式。如图2-27所示，这种以整体方式编织的服装，其提花的育克与服装大身是一体的，服装整体图案过渡更自然、更具完整性。

图2-27　20世纪70年代大身与育克装饰边一体的针织衫
（http://www.theretroknittingcompany.co.uk/fairisle.html）

在20世纪中后期，机械化大生产所导致的传统手工针织品的丰富性与精细程度的丧失已经成为不可逆转的趋势，这与当时高级成衣不断取代高级时装的地位、挤占更大的市场有着相似之处，只不过对于费尔岛针织服装而言，机械生产的到来更加迅速，渗透更加彻底。然而，在手工编织的费尔岛针织品日渐退出市场的同时，将费尔岛针织图案与时尚结合的步伐却从未停止。

四　80~90年代：融合时尚元素，重新演绎传统

在20世纪80年代，费尔岛针织品依旧作为流行元素与当时的时尚设计不断融合，此时费尔岛针织品的图案在服装设计制作中的应用更加多样化，以下是选自80年代《时尚针织》（*Vogue Knitting*）杂志中有关费尔岛针织品的服装图片，借以分析当时费尔岛针织品设计元素运用的方式和特点。

1984年的这件套头针织衫具有浓郁的北欧风格[1]，如图2-28所示。不同的是，在工艺上采用了钉珠的方式构成图案，并且采用红黑两色构图，简约明快。

[1] 北欧风格：这里指由北欧地区编织制作、有几何、驯鹿、雪花图案的双色提花针织品所具有的简约、质朴的风格。

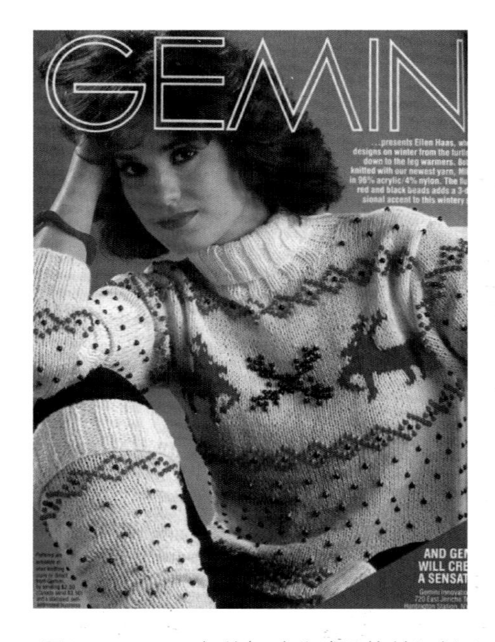

图2-28　1984年的钉珠北欧风格针织衫

（*Vogue Knitting. Fall/Winter* 1984: 56）

图2-29（a）所示的这件1985年的V领马甲在图案上与图2-25所示的20世纪50年代孩童穿的针织衫极为相似，其特殊在于色彩上运用了极具浪漫少女气质的粉色和紫色，另外这件马甲是采用雪尼尔线[1]编织而成，其柔软的质感使图案更加朦胧。另一件套头衫采用三色提花方式表现费尔岛针织图案，并采用类似桂花针的针织组织形成横条状肌理效果，用于分割横向排列的提花图案，简洁中赋予层次变化，如图2-29（b）所示。

1986年的高领套头衫，如图2-30所示。在衣领处做了假两件设计，看似是一件V领的周身提花的费尔岛针织衫套在一件前襟系扣的高领针织衫上，色彩上以蓝紫色调为主，不是费尔岛针织服装的传统配色却给人以复古感。

(a) 雪尼尔材质的费尔岛针织马甲

(b) 与其他针织组织结合的三色提花针织套头衫

图2-29　1985年的费尔岛针织衫样式

（*Vogue Knitting. Fall/Winter* 1985: 65）

[1] 雪尼尔线：花式纱的一种，是用两根股线做芯线，通过加捻将羽纱夹在中间纺制而成，手感柔软，绒面丰满。

1987年以家庭为题材的费尔岛针织服装充满了复古情怀，将费尔岛针织图案作为边饰点缀在服装的衣领和下摆处，与20世纪40年代费尔岛针织服装的设计风格不同的是，此时的服装将更多的复古元素融合在一起。如图2-31所示，女孩穿的灰色针织衫，将阿兰针织（Aran Knitting）花型[1]与费尔岛针织图案这两种传统元素自然地糅合在一起。

总体而言，80年代具有费尔岛针织元素的服装依旧以复古为主题，在设计和运用上较为保守。

进入90年代，费尔岛针织元素的表现手法变得灵活多样，在色彩、图案的变化上更加大胆，给人耳目一新的感觉，在整体上呈现出宽松闲适的气质。

1991年的这件宽松套头衫（Tunic，衣长在臀围线与膝围线之间的长袖宽松套头衫），是将传统费尔岛针织图案放大，变形后重新组合，采用传统的横向排列方式，色彩丰富而艳丽，采用玫红、芥末黄、橘红等明度不高的暖色，给人以浓郁炽烈的感觉，如图2-32（a）所示。另一件用不同明度的墨绿色与米色结合编织的高领钟罩型套头衫，色彩沉静而有层次感，在图案上将绘画中具有立体感的树与传统图案相结合，形成很强的装饰性，如图2-32（b）所示。这两件针织服装均采用多色提花（编织行的纱线色彩种类在两色以上）编织工艺，使费尔岛针织品的图案及色彩设计更加简洁而多元化。

1992年延续了上一年的服装廓型和装饰风格，如图2-33（a）所示，在灰蓝主体色调下

图2-30 1986年的高领费尔岛针织套头衫

（*Vogue Knitting. Fall/Winter* 1986: 38）

图2-31 1987年家庭题材的费尔岛针织衫

（*Vogue Knitting. Fall/Winter* 1987: 13）

[1] 阿兰针织花型：一种源自于英联邦附属岛屿阿兰岛的针织品花型，该针织品多以移针的方式编织具有肌理感的规律图案，以不同样式的绞花花型和菱形花型为代表。

(a) 传统图案衍生的针织套头衫

(b) 与其他图案融合的针织套头衫

图2-32 1991年的费尔岛针织衫样式

（*Vogue Knitting. Fall/Winter* 1991: 32、47）

(a) 有黑白图案分割的费尔岛针织衫

(b) 色彩明快的费尔岛针织衫系列

图2-33 1992年的费尔岛针织衫样式

（*Vogue Knitting. Fall/Winter* 1992: 5、66）

采用黑白两色横向分割的图案形状，其中还加入具有浮雕感的蓝色折角状花型，丰富了服装整体的层次感。另外，如图2-33（b）所示，再次以家庭作为主题，围绕费尔岛针织图案及色彩做系列设计，服装色彩呈现出明快艳丽的异域民族风情，服装廓型款式在传统的套头衫和圆领开衫基础上，领型、衣长略有变化，基本采用圆领样式，衣长有所拉长。图案上均放大了传统费尔岛针织图案的比例，在改变了原本相对平均的色彩比例和图案大小，使图案更加突出的同时，变化更具层次感，并增强了视觉冲击。

1994年再次出现色彩明快多样的圆领开衫样式，如图2-34（a）所示，与图2-33(b)不同的是此时的图案在放大比例的同时去除了图案的轮廓线，使图案完全以色块的形式表现出来，呈现出可爱的笨拙感。如图2–34（b）所示的具有北欧风格的针织开衫在服装下摆和袖口采用费尔岛针织图案装饰，大身则采用阿兰针织花型和手针缝制的米字装饰，整体呈现出宽松的休闲风格。如图2–34（c）所示，带有风帽的针织套头衫采用黑色和浅灰色的费尔岛提花图案，同时和呈现纬平针反面组织的方形黑白格子结合，简洁而富于秩序感。如图2–34（d）所示的钟罩型针织套头衫，使用花式纱线——大肚纱编织黑白两色的费尔岛针织图案。由于大肚纱在纺纱过程中形成同一根纱线上一节粗一节细的外观，并且捻度较小，因此在编织效果上呈现出大小不同的线圈、起伏不平的外观。采用对比强烈的黑白两色大肚纱编织简化的提花图案，在突出图案的同时，显示出粗犷的肌理效果，与图案精细、规整的传统费尔岛针织服装相比，形成全新的视觉效果。

(a) 色彩明快多样的圆领针织开衫

(b) 阿兰针织花型和手针结合的费尔岛针织衫

(c) 与其他针织组织相结合的费尔岛针织套头衫

(d) 采用大肚纱编织的费尔岛针织套头衫

图2–34　1994年的费尔岛针织衫样式

（*Vogue Knitting. Fall/Winter* 1994: 7、22、44）

1995年秋冬的费尔岛题材针织衫在图案设计和编织纱线上都有新的突破。图案设计上，在传统的巨型雪花图案之间，夹杂斜向波纹效果的多色图案，形成全新的装饰效果，如图2-35所示。同时，采用不加捻的冰岛毛纱（Lopi Wool）制作，形成厚实蓬松的效果。

图2-35 采用冰岛毛纱制作的费尔岛套头针织衫

（*Vogue Knitting. Fall/Winter* 1995: 30）

1997年的这件基本款套头衫采用柔软的精纺纱线制作，如图2-36所示。服装整体采用粉紫色系的彩色夹条编织，仅在与胸围线平行的位置及袖口处装饰传统的费尔岛针织图案，图案的比例和排列也基本遵循传统样式，整体上柔和、简单而具有秩序感。

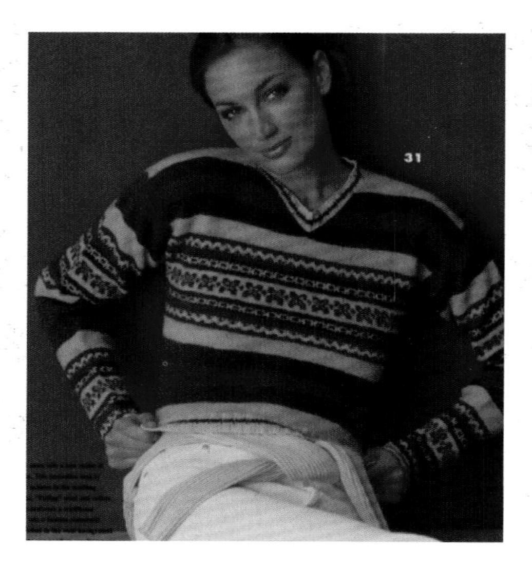

图2-36 1997年与夹条组织结合的费尔岛针织衫

（*Vogue Knitting. Fall/Winter* 1997: 22）

1998年服装廓形延续90年代初宽松的钟罩廓形，如图2–37所示，在育克、袖口和下摆缝制条状卷曲花纹，大身和袖子为菱形排布的费尔岛针织图案，菱形中间的图案采用手针缝制而成，增加立体感。服装以蓝灰色为主体色调，与装饰边的土黄色形成对比，柔美古朴同时兼具手工质感。

图2–37　与其他图案结合的费尔岛针织毛衣

（*Vogue Knitting. Fall/Winter* 1998: 56）

纵观整个20世纪90年代，融合费尔岛针织元素的服装基本采用宽松的钟罩型廓型，色彩主体呈现明快艳丽的趋势。图案上呈现放大比例、重组排列等多种方式，凸显图案的装饰感。在针织组织花型上，采用多种花型相结合的设计，丰富了针织衫的质感和设计的层次感，也使得这一时期的针织服装在设计和工艺手法上呈现出多元化的特点。

第四节　/　20世纪费尔岛针织蓬勃发展的原因

费尔岛针织品在20世纪由默默无闻到遍布世界，由英国上流社会到平民消费者，由手工织造到机械化大生产，其在自上而下的流行过程中所产生的深远影响是值得思考和借鉴的。以下即对费尔岛针织品得以广泛流行的原因进行简要分析。

一 社会经济因素的推动

在众多促进费尔岛针织品发展的因素中，经济因素是最为根本的原因之一，它几乎贯穿了传统费尔岛针织品发展的整个过程与不断向外拓展的始终。

在费尔岛针织品产生之初，仅仅作为当地居民抵御低温和大风的服装，之后又因其特殊的工艺与独特的图案，倍受欢迎，由日常服装变为商品，并曾一度成为设得兰经济的支柱产业。

20世纪20年代商家运用精明的推销手段，重新树立费尔岛针织品的形象。商家对商品进行恰当的定位，利用王室与上流社会的宣传带动作用使其成为时尚的代表，同时变为上流社会享用的高档商品，以此提高费尔岛针织品的身价和品质，从而更好地打开产品销路。

30年代以物易物的经营模式，使拥有设得兰羊毛的商家，能够以赊购的形式将毛线卖给编织工人，并以低价回收针织衫成品为条件，促使编织工人制作更多的费尔岛针织品来改善生计，进而使更多的设得兰针织衫作为商品外销，并在其生产地以外得到更为广泛的推广。

30年代的这种商业运作方式在40年代随着第二次世界大战的爆发开始瓦解，到50年代彻底为机械化大生产的运作模式所取代。此时的家庭手工生产转变为机械生产，传统的以物易物贸易体系解体，取而代之的是针织行业协会。

在60~70年代受到市场需求量的驱动，工厂批量生产成为定式，并且生产范围超出了设得兰岛。费尔岛针织产品辉煌的销售业绩，促使世界各地的工厂争相效仿费尔岛针织品，进行批量生产加工以获利，这在一定意义上也拓展了费尔岛针织的销售领域与影响范围。

二 多元文化的融合与创新

纵观费尔岛针织的整个发展过程，即是一个与不同地域的艺术文化不断融合与创新的过程。费尔岛针织作为一种具有独特图案与色彩体系的针织编织方式，其色彩、图案和编织工艺可以与各种形制的服饰相组合，形成全新的风格样式。这为费尔岛针织与其他艺术文化的融合提供了广阔的可能性。

最初费尔岛针织的图案、色彩及编制方式被运用于诸如帽子、手套、围巾等配饰上[1]，

---

[1] RUTT Richard. A History of Hand Knitting [M]. UK: Interweave Pr. 1989: 181–182.

并且仅帽子一项就有许多种款式，如传统的帽子、渔夫帽、塔米帽、贝雷帽、滑雪帽等。随后出现的服装在款式上也受到周边地区的风格影响，如套头衫的款式中存在平纹针织衫、根西针织衫以及后来产生的育克针织衫等来自周边地区的传统服装款式。进入20世纪后，当费尔岛针织元素与时尚潮流相结合，以最时髦的廓型款式出现在T台秀场时，费尔岛针织强大的吸纳包容性与持久生命力被更为广泛地表现出来。

费尔岛针织图案与色彩受政治、经济、文化影响，在不同时期融入新的元素和概念。20世纪40年代北欧图案的引入，扩大了传统费尔岛针织图案的应用范围，图案比例的增大带来了全新的排列方式，纵向排列方式使不同大小的图案有机结合，构图更具层次感。渐变的波浪和山巅图案为图案色彩和明度的变化提供了更多方案，丰富了OXO图案固定而规律的形式。进入80年代后费尔岛针织图案更是通过各种延伸性设计来迎合时尚，展现设计师的各种巧妙构思。在尊重传统的基础上融合多种工艺，将北欧针织风格、阿兰针织花型、英格兰的菱形格图案等多种传统图案与工艺糅合使用，新颖而不失传统的印迹，个性而不失经典的印象。

正是这种不断吸纳糅合的过程将费尔岛针织的外延不断扩大，它既是传统的又是现代的，既是地域特色的又是时尚潮流的，现今人们认识的费尔岛针织早已不是一个世纪前的模样，却依旧散发着令人着迷的手工业时代的气息。费尔岛针织作为一种文化和记忆的承载物，连接并融合着不同时期、不同地域对过去经典的回味和缅怀。

三　传统设计元素的积累与保护

进入20世纪，受经济利益的刺激，更多以费尔岛针织品为主要销售商品的商家及当地的针织组织，为提高当地针织品的品质，通过比赛的形式激励手工编织者编织出更加精良的产品，并将获奖作品用于进献英国皇室。受比赛的激励，20世纪初的费尔岛针织品，不仅在制作工艺上更加精细，更是促使编织者创作出更具个性化的作品，到20世纪30年代，又挑选比赛中设计得别具一格的针织产品进行大批量生产，更加促进了费尔岛针织品品类的丰富与创新，为其日后与时尚的结合、创新积累了丰厚的艺术与文化底蕴。

在不断丰富传统费尔岛针织品的同时，设得兰针织衫的编织者还十分重视维护费尔岛针织衫的原产地风格与地位。20世纪30年代，面对大量外来仿制的费尔岛针织品，设得兰编织者统一使用设得兰出产的原色羊毛来生产针织品，重新树立传统费尔岛针织品的形象。

在70年代后，面对机械化大生产的不断冲击，在设得兰又出现一批复兴传统费尔岛针织品的设计师，力图恢复传统针织品的精湛工艺与精美图案。这些设计师，融合了过去两个世纪的设得兰针织设计元素，以精良的做工使机械编织的费尔岛针织品看起来并不逊色于手工针织品，以此来巩固传统费尔岛针织品的地位。

设得兰针织衫的编织者对保留其原有针织工艺与文化的努力，在一定程度上也缓和了市场化竞争与工业大生产造成的强烈冲击，对费尔岛针织品的长足发展起着潜移默化的保护作用。

20世纪初是手工业生产与工业生产同时存在的特殊时期，随后伴随着工业化生产的不断扩张，手工生产不断萎缩并退出历史舞台。然而，在随后不断兴起的复古风潮中，20世纪那些不可复制的手工制品，带着人们对过去的思索和追忆，开始备受青睐和推崇，手工编织的传统费尔岛针织品也与其他同时期不可复制的物品一起，以其特殊的人文魅力不断被复兴。

CHAPTER THREE

DESIGN METHOD AND TRADITIONAL CRAFT

第三章

传统费尔岛针织品的设计与工艺

3

Part 3

第三章　传统费尔岛针织品的设计与工艺

在简略了解什么是费尔岛针织及其基本状况的基础上，本章从设计角度分析传统费尔岛针织品的特点，提取其中的设计元素（包含费尔岛针织品的图案、色彩、工艺、材料等）进行研究，为进一步了解费尔岛针织品在不同时期的发展状况及设计创新提供理论依据。以下将从图案、色彩、材料、工艺、应用五个方面分析费尔岛针织品的特点。

第一节　传统费尔岛针织品的图案

图案是费尔岛针织品中最为基础的元素，不同题材的费尔岛针织图案以单个独立的图案作为基础图案，将相同针数和行数的基础图案相拼合，再以不同的排列方式与其他类型的基础图案重组，即可产生变化万千的图案。以下分别从基础图案的题材、基础图案的特点、基础图案的类型及构图方式研究费尔岛针织品的图案。

一　基础图案的题材

费尔岛针织图案的题材主要来自三个方面：自然、生活和宗教。自然题材图案主要包括山巅图案、波浪图案、松树图案、花卉图案、四叶草图案、雪花图案等；生活题材图案主要包括渔网形图案、锚形图案、缆绳图案、心形图案等；宗教题材图案主要包括凯尔特十字架图案和摩尔十字架图案。以上题材的图案基本是由多种简单几何形组合而成。此外费尔岛针织图案中还包含了大量不明来源和寓意的简单几何形图案，详见下表所示。

费尔岛针织图案的题材

自然		生活		宗教	
	波浪图案	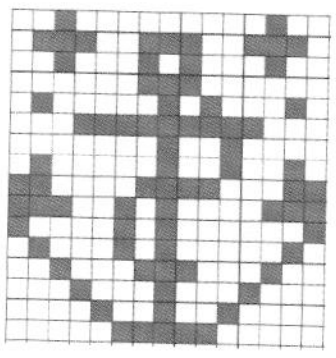	锚形图案1	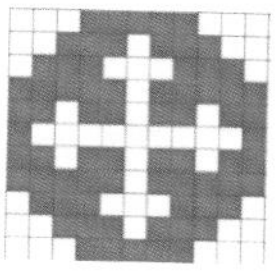	凯尔特十字架图案1
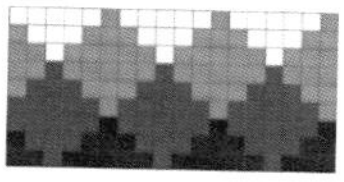	山巅图案	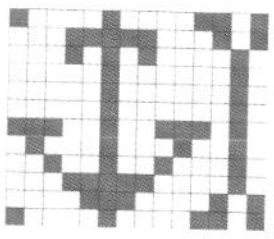	锚形图案2	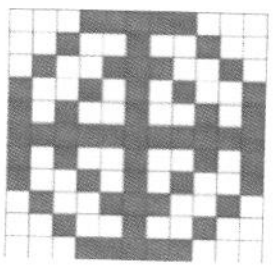	凯尔特十字架图案2
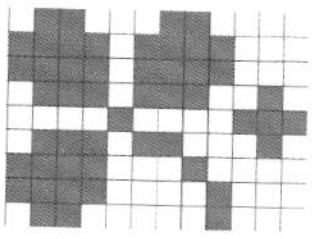	四叶草图案		缆绳图案	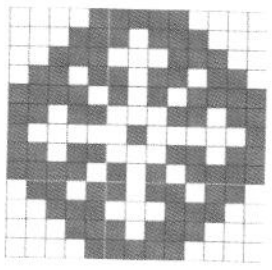	凯尔特十字架图案3
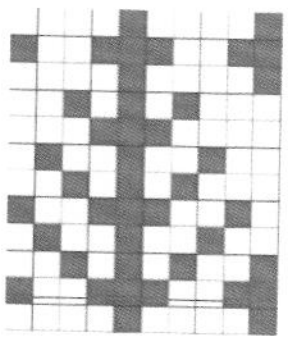	松树图案	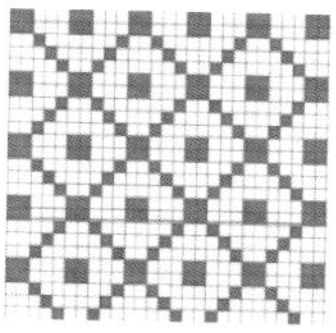	渔网形图案1	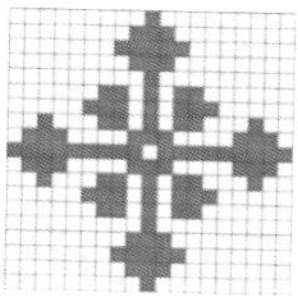	摩尔十字架图案1
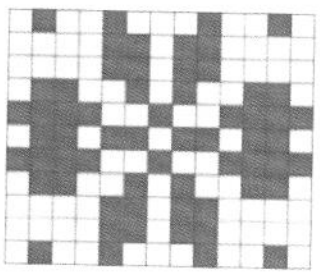	花卉图案		渔网形图案2	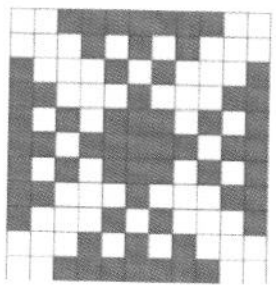	摩尔十字架图案2
	雪花图案	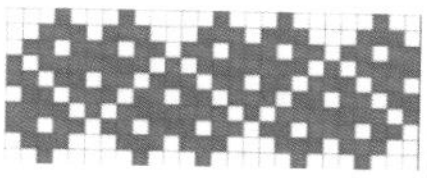	心连心图案	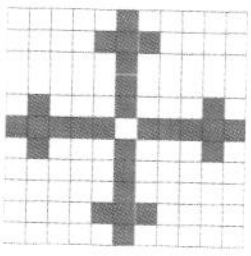	摩尔十字架图案3

注　图片源自MCGREGOR Sheila. *Traditional Fair Isle Knitting* [M]. US: Dover Publications, September 19, 2003: 67–136. 采用龙星电脑横机软件绘制。

二 基础图案的特点

早期的费尔岛针织图案都有一个共同的特征：基础图案至少有两条对称分割线，通常是四条对称分割线。如图3-1所示，穿过图案的中心可呈现垂直对称分割、水平对称分割或者对角线对称分割。使用含有对角线分割的图案和频繁变换纱线的编织方式在早期的费尔岛针织服装中较为常见，这些图案都以OXO图案为基础呈现水平、垂直、对角线对称。这种图案模式是与针织工艺相适应的，对称的规律图案更易于记忆和编织，在第一行图案编织完成后，即可作为其后几行的编织参照。对编织者而言编织有两条对称线的图案要容易得多，并且这种形式的图案有助于处理织物背后的浮线。❶

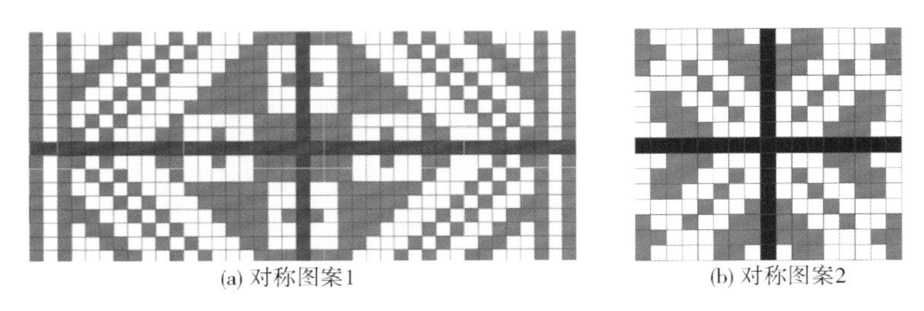

(a) 对称图案1　(b) 对称图案2

图3-1　有两条对称线的费尔岛针织图案

（采用龙星电脑横机软件绘制）

与此同时也存在少数不对称图案：仅部分对称的图案和完全不对称的图案，如图3-2所示，较之对称图案这些图案更难记忆且编织起来更费时。

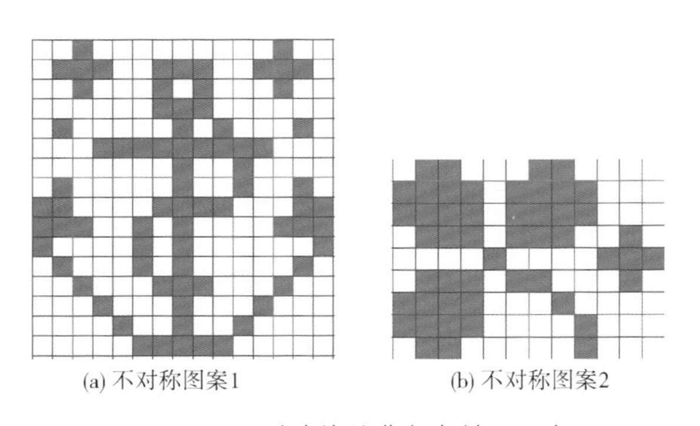

(a) 不对称图案1　(b) 不对称图案2

图3-2　不对称线的费尔岛针织图案

（采用龙星电脑横机软件绘制）

❶ STARMORE Alice. Alice Starmore's Book of Fair Isle Knitting [M]. US: Dover Publications, 2009:33-34.

费尔岛针织图案通常为对角线对称图案，其中最具代表性的是OXO图案。两种颜色的纱线在编织时，纱线间的张力会随换线而发生变化。编织对角线图案时，每行换线的位置交替变化，张力增加，织物会更加牢固且弹性更好；如果编织连续的矩形图案，张力变小，织物易破且不平整，弹性也较小，如图3-3所示。

(a) 织物正面

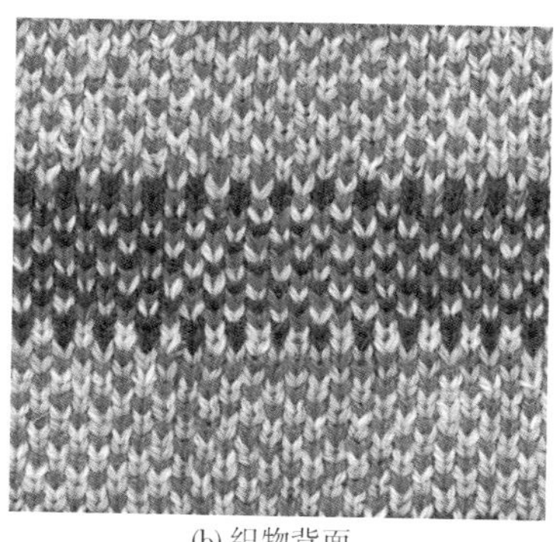
(b) 织物背面

图3-3　连续矩形图案编织的费尔岛针织织片

（采用龙星电脑横机编织制作）

三　基础图案的类型

OXO图案是最初的费尔岛针织品的代表性图案，编织17~19行完成，O形多为六边形或八边形，其内部图案题材多样而变化无穷。这些变化多样的内部图案都有至少两条对称线，即同时满足水平对称和垂直对称，只有在此基础上O形与X形图案才能够组合在一起，实现水平对称。OXO图案一般横向排列使用，通常不同大小的OXO图案会间隔组合排列或与小型图案间隔排列，如图3-4所示。

图3-4　OXO图案

（采用龙星电脑横机软件绘制）

小型图案（Peeries Pattern）：Peeries在苏格兰语中是小的意思，后来演变为费尔岛针织图案中最小的图案，编织2~7行完成。由于构成小型图案的行数较少，其图案的构成也相对简单，较常见的有波纹图案、缆绳图案、十字图案、菱形图案等，如图3-5所示。一般小型图案与边饰图案横向组合排列用于分隔较大的图案，也可与多种图案组合排列，如图3-6所示。

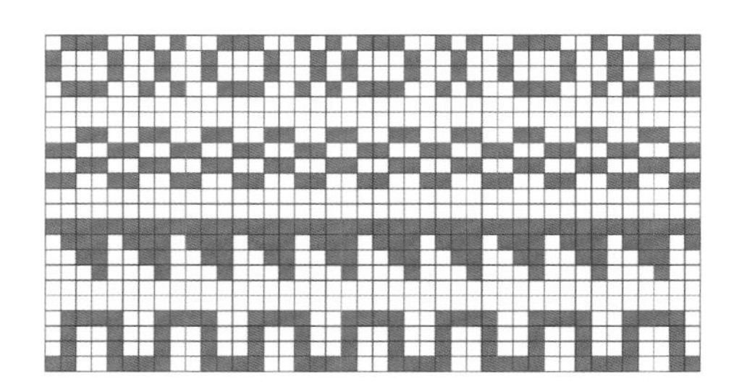

图3-5 小型图案
（采用龙星电脑横机软件绘制）

图3-6 小型图案与边饰图案横向组合排列
（采用龙星电脑横机软件绘制）

边饰图案（Borders Pattern）：Borders有边缘之意，最初用于服装边缘装饰，由9~15行组成。如图3-7所示，建立在OXO图案基础上的边饰图案在早期费尔岛服装中应用较多，后来又陆续加入对称和不对称图案。边饰图案最多的应用方式是与小型图案结合，在整件衣服上横向循环排列或纵向排列。横向排列的小型图案与不断变化的边饰图案可以组合形成很多复杂的图案，而这两种图案还可以和OXO图案结合构成新的图案。新图案的产生还可以通过改变每个循环中的部分基础图案来实现，也可以使用统一的边饰图案与变化的小型图案组合形成循环。这些复杂的循环图案在视觉上可以增强服装的整体感。

图3-7 边饰图案
（采用龙星电脑横机软件绘制）

散点图案（Seeding Pattern）：Seeding有播种之意，由不断重复的简单几何图案或植物图案构成，整体图案排列均匀、规则，类似中国传统纹样中的谷纹。散点图案多用于分指和连指手套的手掌部分，也可用于分隔不同的图案、与较大图案组合成周身提花的服装。如图3-8所示。

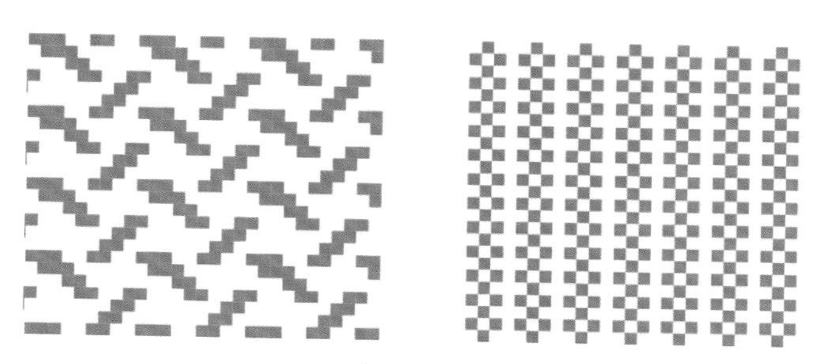

图3-8　散点图案
（采用龙星电脑横机软件绘制）

挪威之星图案（Norwegian Stars Pattern）：挪威之星图案是费尔岛针织图案中最大也最为复杂的图案，由八角星形的图案演变而来，其编织的行数与针数相同，一般为25、27或31行，如图3-9所示。该图案一般用于分指和连指手套的手背部分，或作为主要设计元素横向排列于有育克的服装中。另外，挪威之星图案也可以和边饰图案、散点图案、小型图案以垂直排列的形式组合使用。

图3-9　挪威之星图案
（采用龙星电脑横机软件绘制）

波浪和山巅图案（Waves and Peaks Pattern）：这类图案呈现交错重叠的视觉特征，与其他图案不同，波浪和山巅图案必须借助色彩和明暗的变化来体现图案的形状，如图3-10所示，所以这种图案作为主体，没有背景和图案交替的情况。基于波浪和山巅图案的这一特点，它常用于服装背景亮度的交替变化，通常与边饰图案和散点图案组合使用。波浪图案可与多个同样的边饰图案在深浅背景上交替排列。图3-10（a）中的波浪图案是以四针为一个循环，因此在与其他图案组合使用时，需要选用以四针或四针的倍数为循环的图案与之组合。如果波浪图案以六针为循环，与其配合使用的图案也需选用以六针或六针的倍数为一个循环的图案。

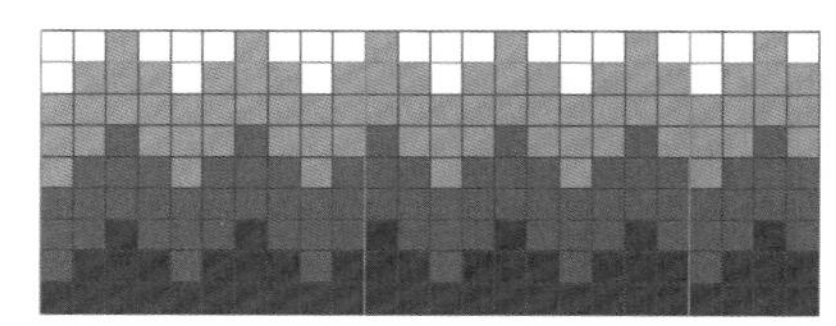

(a) 波浪图案

(b) 山巅图案

图3-10 波浪和山巅图案

（采用龙星电脑横机软件绘制）

满地图案（Allover Pattern）：在水平和垂直方向上都持续循环，且图案尺寸多样，有多色菱形图案,如图3-11（a）所示；小方块图案（Diced），如图3-11（b）所示；源自挪威塞尔比（Selbu）的外形更大的图案,如图3-11（c）所示。小方块图案在形式上都与OXO图案很形似，可能是由OXO图案演变而来。满地图案与其他图案相比更像是一种构图方式，即呈菱形的网状循环图案或是呈正矩形的棋盘状循环图案，类似于中国传统图案中的四方连续图案，图3-11中的深色图案部分为可循环的单位图案。

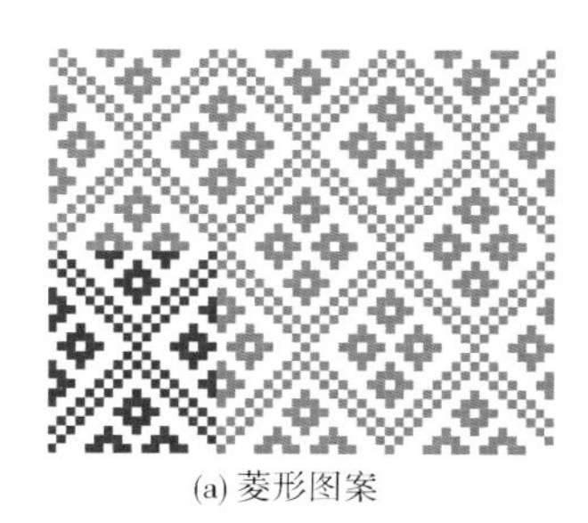

(a) 菱形图案

(b) 小方块图案

(c) 来自挪威塞尔比的图案

图3-11 满地图案

（采用龙星电脑横机软件绘制）

四 构图原则及方式

在了解费尔岛针织图案类型的基础上，进一步分析这些基础图案的应用，即不同图案组合使用时的构图原则和构图方式。这里提及的构图方式是指传统费尔岛针织品，即花纹铺满全身的针织服饰，自20世纪40年代出现的以费尔岛针织图案作为边缘装饰的费尔岛针织服装不在此列。

费尔岛针织品的构图方式可以分为以下四种：

横向排列：类似中国传统图案中的二方连续图案，即单独的一种或几种费尔岛图案相组合呈横向条状排列，这种图案的排列方式在传统费尔岛针织品中最为常见。该排列方式一般采用OXO图案、边饰图案、小型图案、波浪和山巅图案及挪威之星图案中的一种或几种组合构图，如图3-12所示。其中，基于此类型图案的构成特点及费尔岛针织同行只允许两种色彩的纱线编织规律，波浪和山巅图案只可用于横向排列的构图方式中。这种排列方式使不同行之间的图案变化更为容易且更具规律性和整体感。

(a) 图案
（采用龙星电脑横机软件绘制）

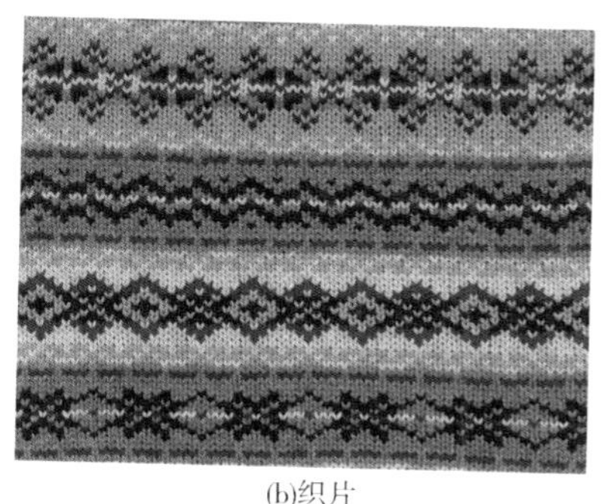
(b)织片
（采用龙星电脑横机编织制作）

图3-12 横向排列方式

纵向排列：同样类似中国传统图案中的二方连续图案，即单独的一种或几种费尔岛针织图案相组合呈纵向条状排列，这种图案排列方式与横向排列的效果相似。不同之处在于这种排列方式中较多应用散点图案和挪威之星图案，不采用波浪和山巅图案，如图3-13所示。

(a) 图案
（采用龙星电脑横机软件绘制）

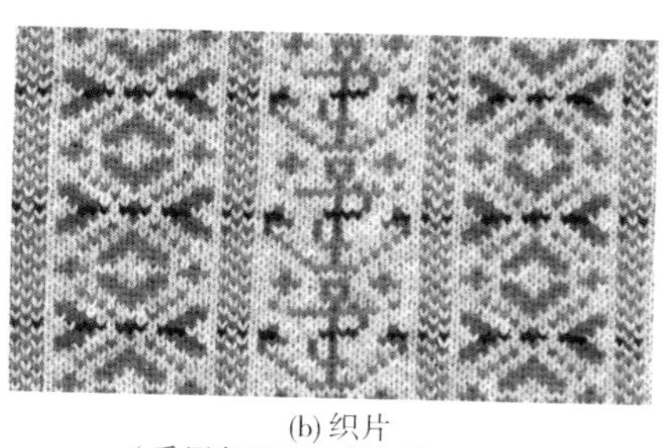
(b) 织片
（采用龙星电脑横机编织制作）

图3-13 纵向排列方式

菱形网状排列：类似中国传统图案中的四方连续图案，是在划分为菱形网状的结构中或在对角线对称的结构中填充其他图案的构图方式，如图3-14所示。填充时采用的图案类型有挪威之星图案、边饰图案和OXO图案中O形的内部图案，是满地图案中菱形网格图案的具体应用。用于这种构图方式的图案需要同时拥有三种对称线，即纵向对称线、横向对称线和对角线对称线。

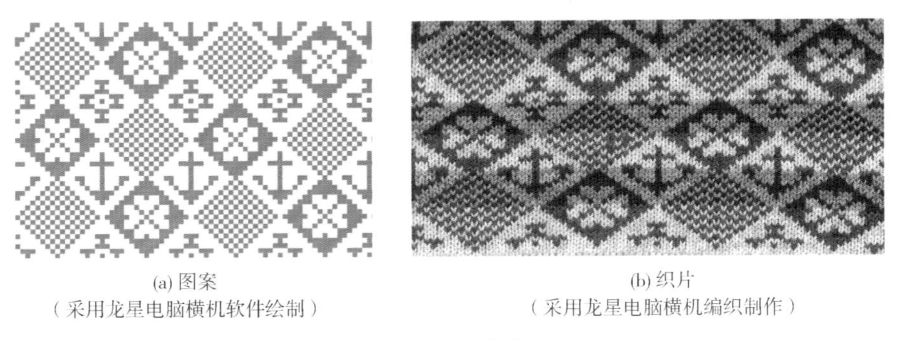

(a) 图案
（采用龙星电脑横机软件绘制）

(b) 织片
（采用龙星电脑横机编织制作）

图3-14 菱形网状排列方式

矩形棋盘状排列：同样类似中国传统图案中的四方连续图案，可分为两种形式，一种为矩形几何图案以纵向对称线交错排列，如图3-11（b）所示；另一种为在矩形背景中填充其他图案，如图3-15所示。填充时采用的图案类型有：边饰图案和拆分后的OXO图案，即单独的O形或X形图案，都可具体应用在满地图案的矩形棋盘图案中。

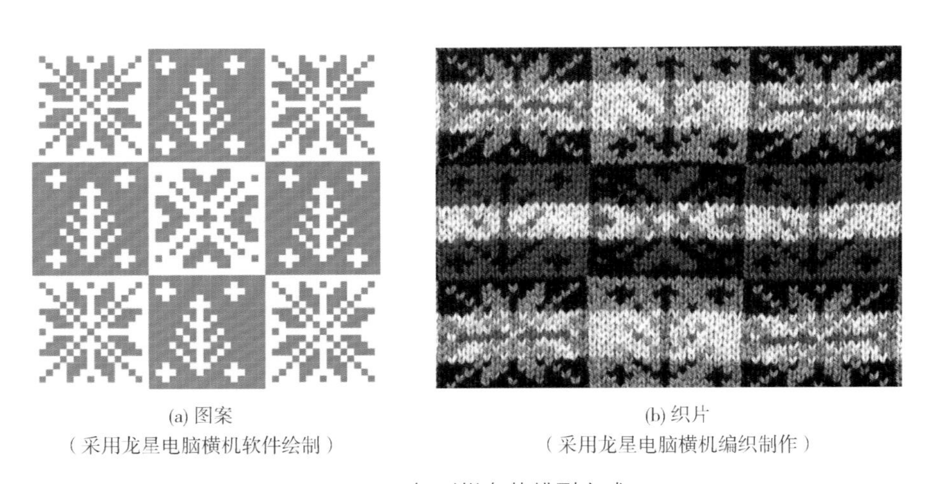

(a) 图案
（采用龙星电脑横机软件绘制）

(b) 织片
（采用龙星电脑横机编织制作）

图3-15 矩形棋盘状排列方式

五 费尔岛针织基础图案库

费尔岛针织图案库参考Sheila McGregor的*Traditional Fair Isle Knitting*和Alice Starmore的*Alice Starmore's Book of Fair Isle Knitting*书中提供的费尔岛针织图案，并采用龙星电脑横机软件绘制而成，为费尔岛针织图案的学习和设计提供参考，如图3-16~图3-22所示。

1. 费尔岛针织品OXO图案（OXO Pattern）

图3-16

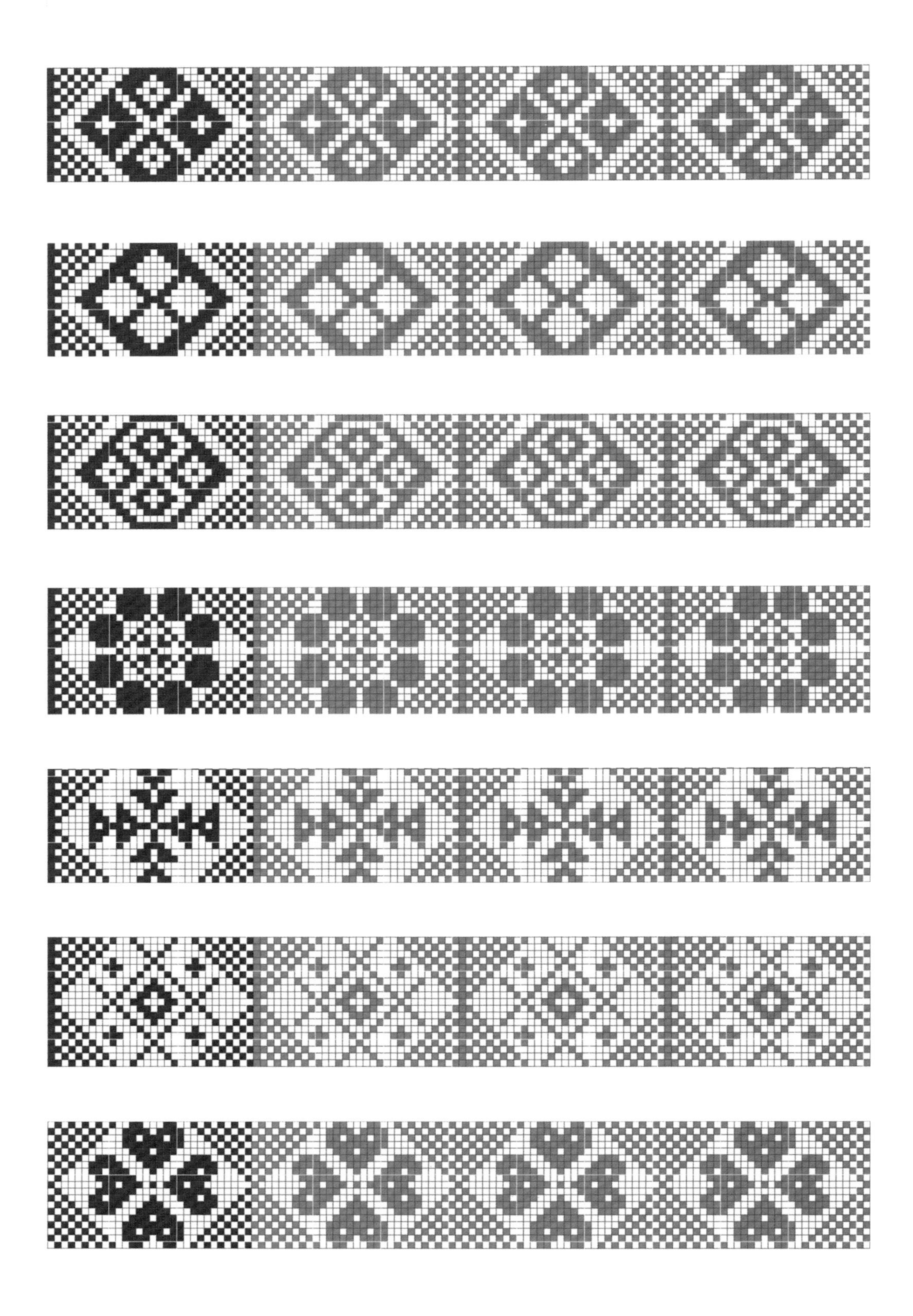

图3-16　OXO图案（17~19行）

2. 费尔岛针织品边饰图案（Borders Pattern）

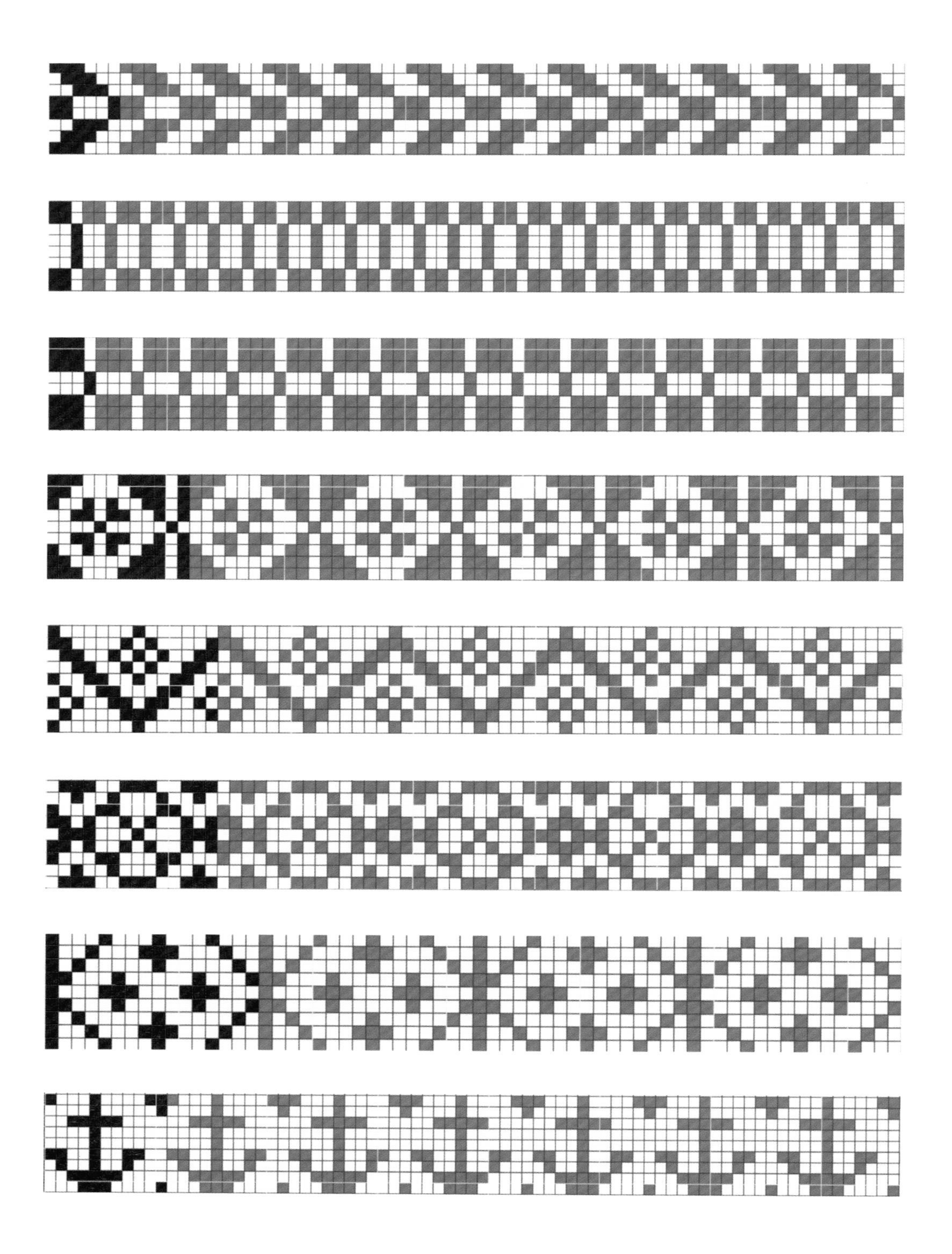

图3–17

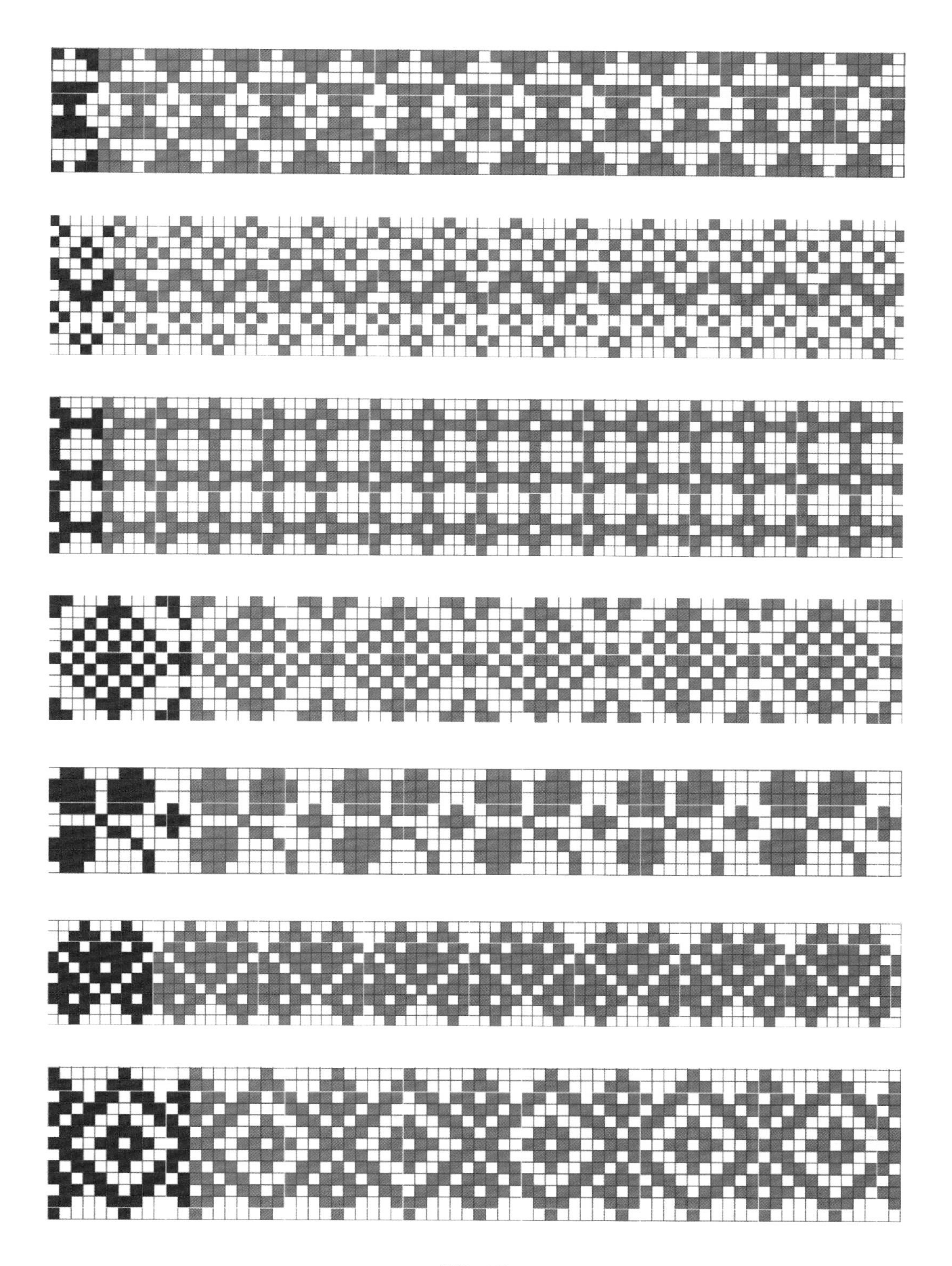

图3-17

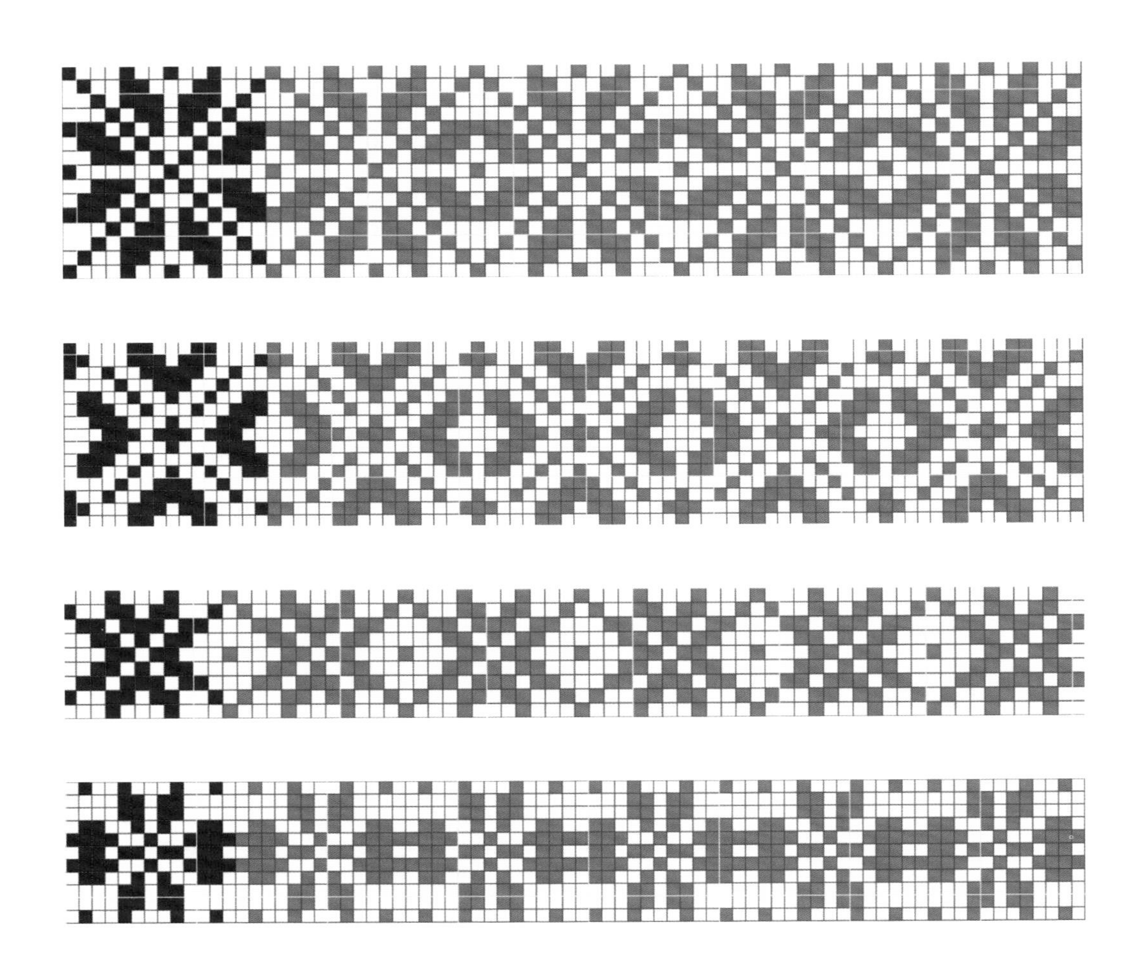

图3-17 边饰图案（9~15行）

3. 费尔岛针织品小型图案（Peeries Pattern）

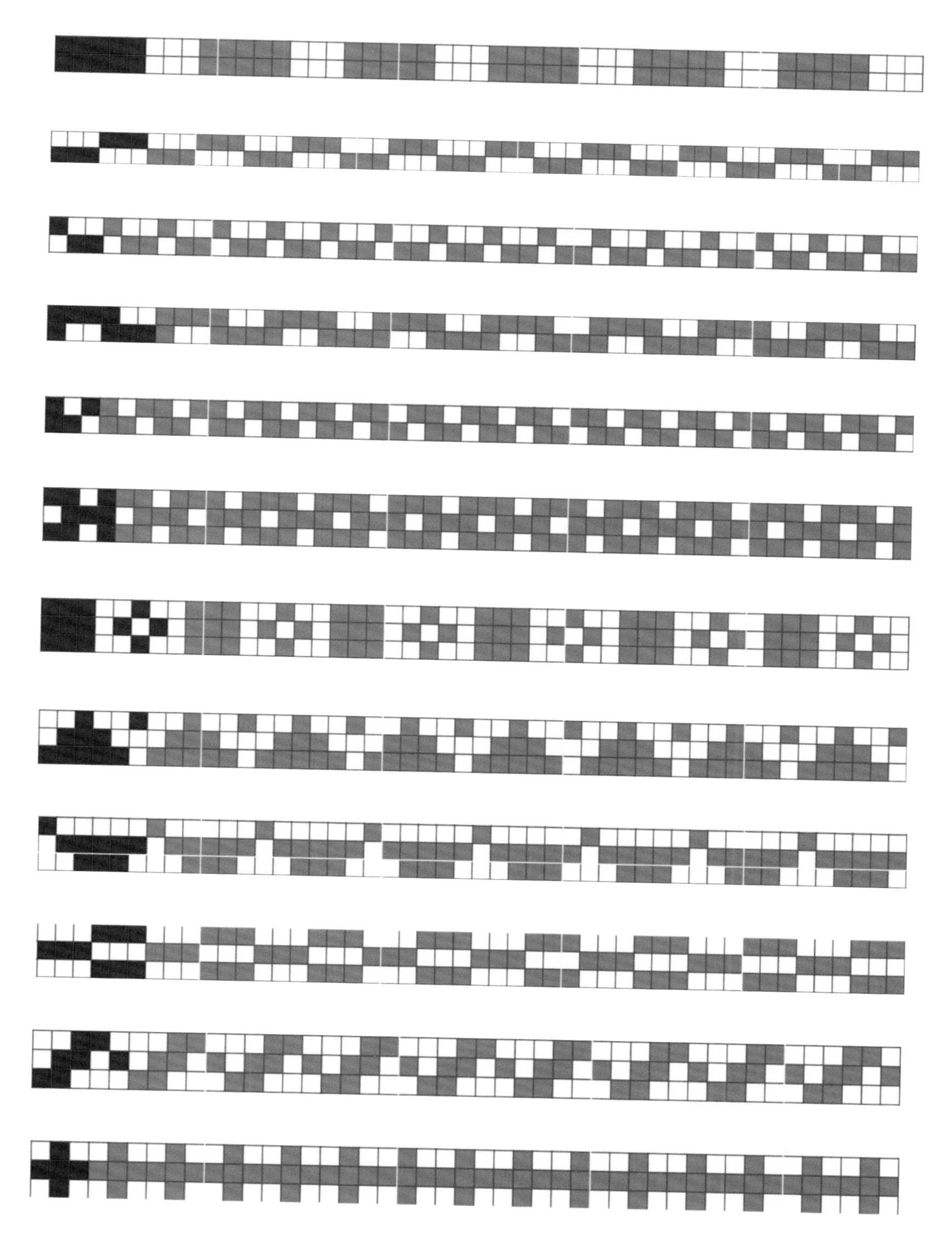

图3-18

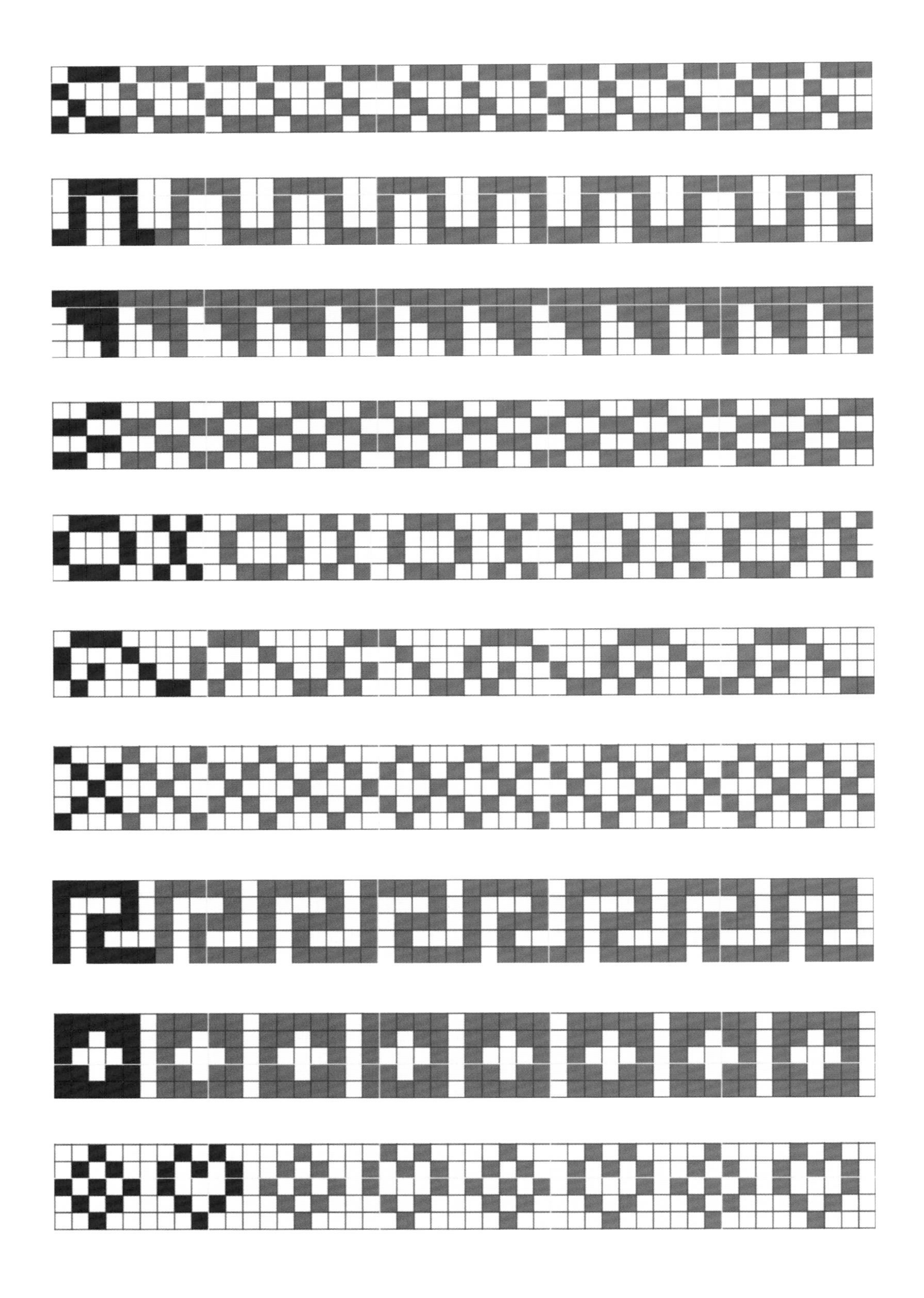

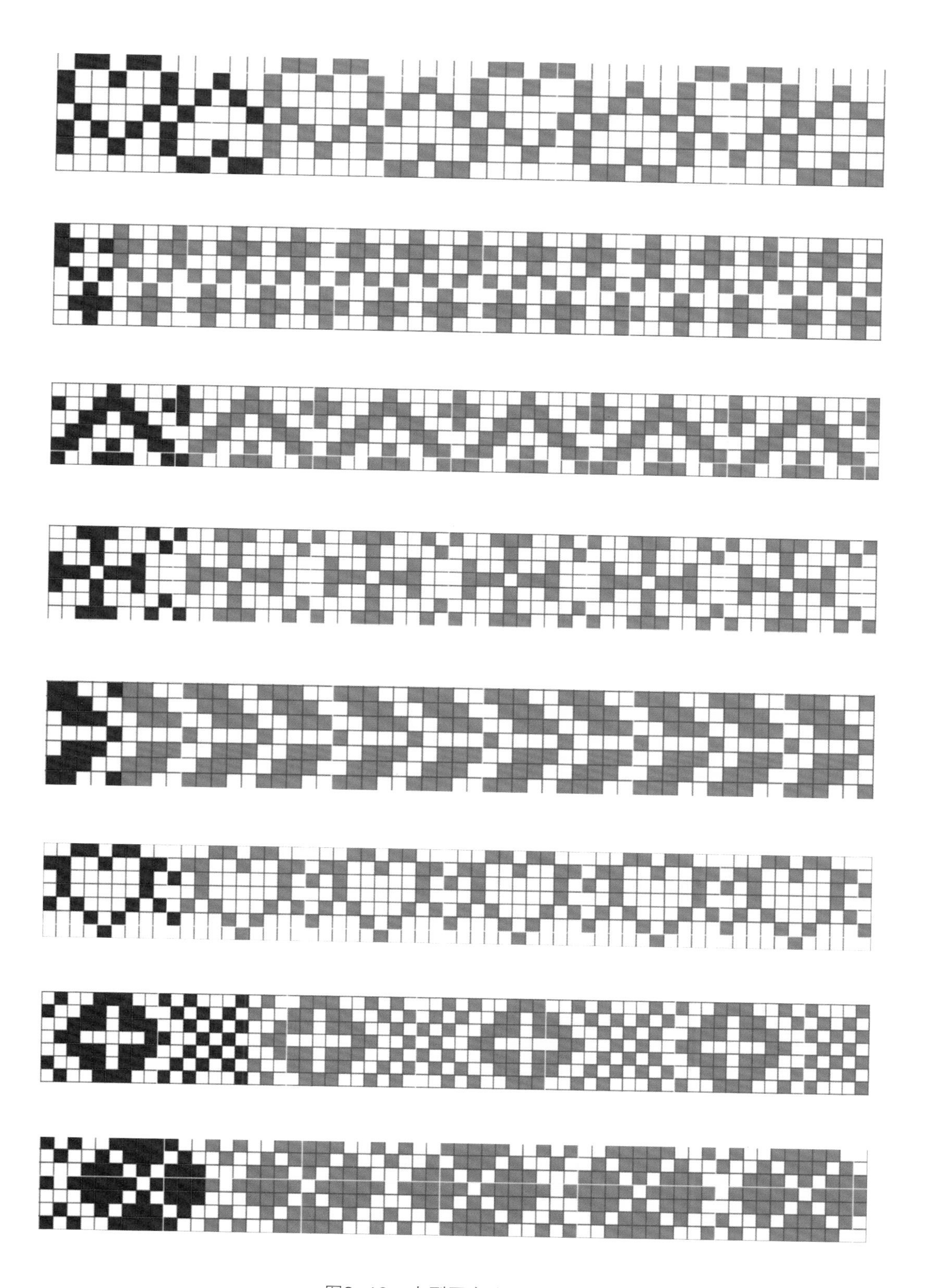

图3-18　小型图案（2~7行）

4. 费尔岛针织品散点图案（Seeding Pattern）

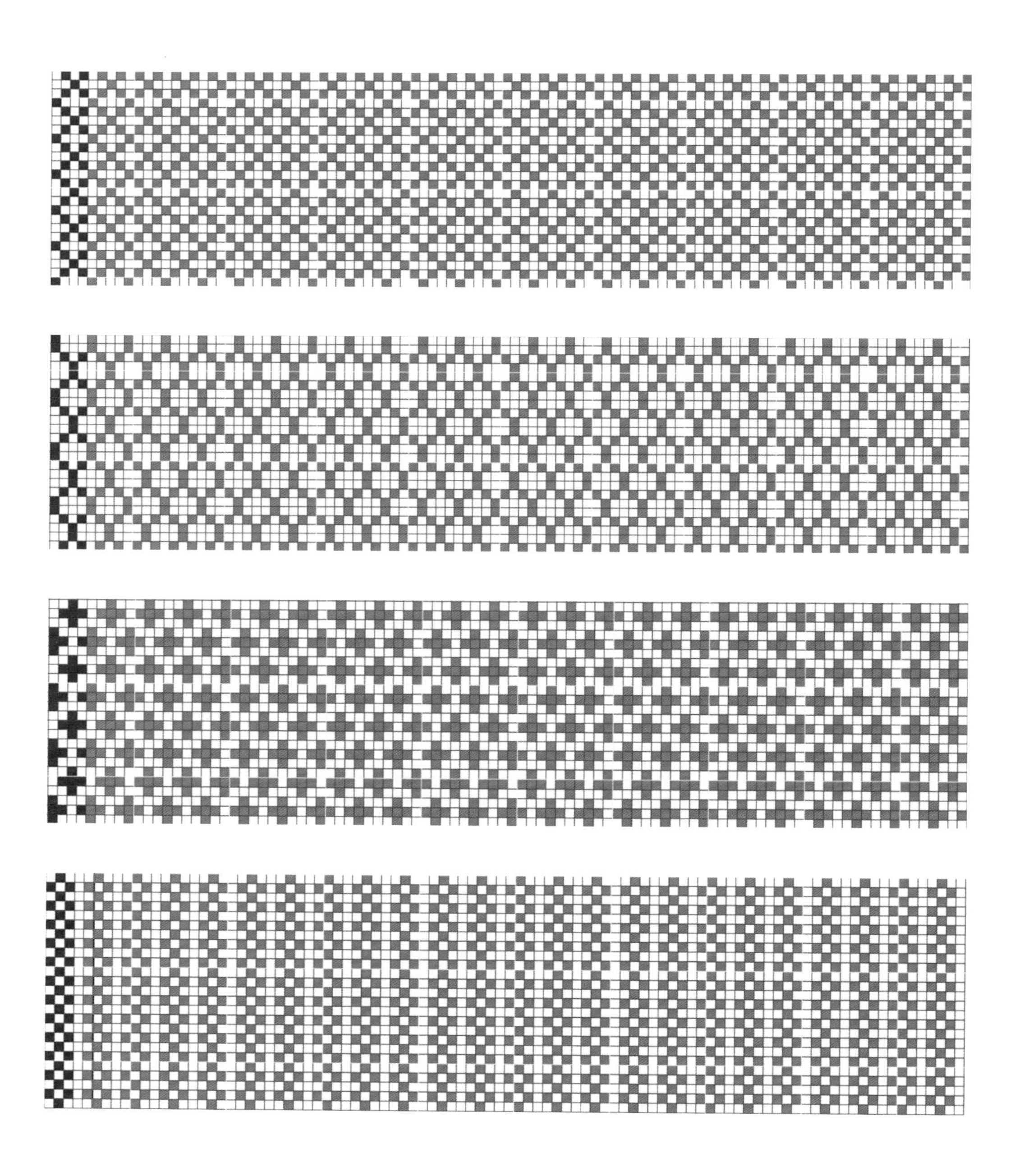

图3-19　散点图案（24~25行）

5. 费尔岛针织品挪威之星图案（Norwegian Stars Pattern）

图3-20 挪威之星图案（27~33行）

6. 费尔岛针织品满地图案（Allover Pattern）

图3-21

图3-21 满地图案

7. 费尔岛针织品波浪和山巅图案（Waves and Peaks Pattern）

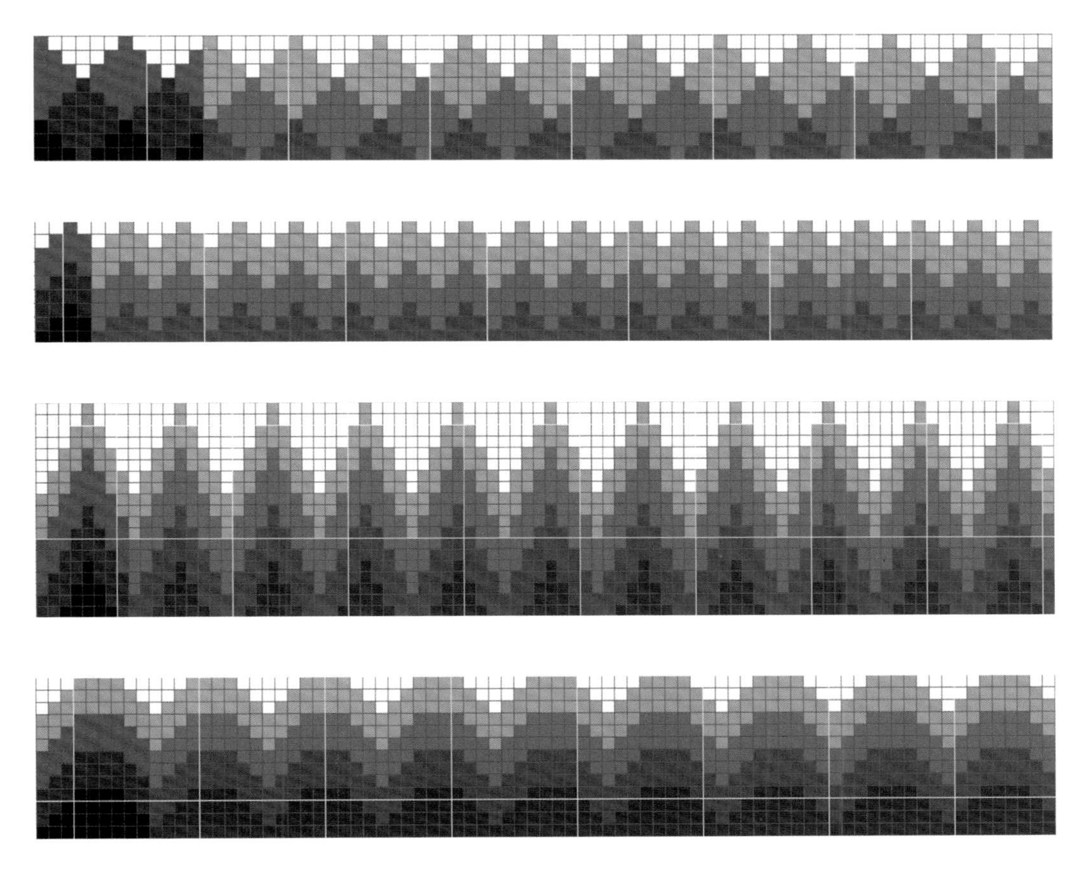

图3-22 波浪和山巅图案

第二节 传统费尔岛针织品的色彩

丰富的色彩与多变的图案是费尔岛针织品带给人最为直观的感受，在费尔岛针织品中色彩与图案是一体的，不同的配色方案可以立刻改变费尔岛针织图案给人的主观感受。同样的图案改变色彩的布局，可以形成完全不同的视觉效果；在色彩布局不变的情况下，改变主体色调，同样可以给人带来完全不同的视觉感受。可以说费尔岛针织品的丰富多彩、变化无穷，不仅在于其图案的多样，色彩的多变，更在于两者结合方案的千变万化，使得费尔岛针织品总是充满新意。

一 传统费尔岛针织品的色彩类型

1. 天然毛色

费尔岛色彩丰富的羊毛是其多彩的针织品诞生的必要条件之一，其天然毛色的针织品给人一种自然质朴之感，是费尔岛针织品中最为典型的色彩。这里根据色彩给人的直观感觉，将天然毛色分为冷色系和暖色系两类。暖色系包括偏橘粉色调的白、米、棕、褐等色；冷色系包括偏蓝灰调的不同程度的灰色。在应用时，基本有四种情况：整体为不同明度的冷色调纱线；整体为不同明度和色相的暖色调纱线，如图3-23所示；冷色调与暖色调纱线混合使用，一般一种色调为主色，另一种为点缀；天然毛色的纱线与染色纱线混合使用，一般天然毛色为主调，染色纱线为点缀，详见本章第五节“传统费尔岛针织图案花型设计实例”。

2. 加工染色

当丰富的天然毛色不再能满足费尔岛针织品色彩设计的需求时，当地居民开始通过染色丰富纱线色彩。根据染色加工原料的不同将其分为天然染料和化学染料两种。早期费尔岛居民采用进口的茜草做红色染料，靛蓝做蓝色染料，本地的洋葱、地衣和其他野生植物等做黄色染料，因此红、黄、蓝三种色彩在早期费尔岛针织品中较为常见。后来随着化学染料的出现，不同色彩的纱线都被用于编织费尔岛针织品，出现整体采用染色纱线编织的针织品，费尔岛针织品的色彩也得到极大丰富，变得更加色彩斑斓。[1]

图 3-23 20世纪40年代周身提花的费尔岛针织毛衣细节图

（STARMORE Alice. *Alice Starmore's Book of Fair Isle Knitting* [M]. US: Dover Publications, August 21, 2009: 12）

---

[1] FEITELSON Ann. The Art of Fair Isle Knitting: History, Technique, Color & Patterns [M]. UK: Interweave Press, 2009: 20-21.

二 传统费尔岛针织品的配色原则

费尔岛针织品遵循着编织的每行中只能够存在两种颜色纱线的配色原则，它们分别构成图案色和背景色，在编织时，不同行的图案色和背景色可以通过更换纱线的方法变换颜色，使得费尔岛针织品整体具有丰富的色彩。这一原则是与费尔岛针织品编织工艺密切结合的，在下文的费尔岛针织品编织工艺中会进一步阐释。

传统费尔岛针织图案配色的另一特点是以对称线分隔配色，即以费尔岛针织图案的横向对称线为基准，使对称线上下的图案色和背景色形成对称，如图3–24（a）所示。即使在20世纪化学染色的彩色纱线出现后，当地居民仍然沿用这种对称的配色方案，这也是费尔岛针织色彩的重要标志之一。另外，费尔岛针织图案配色也有不对称的情况，有时在同一款费尔岛针织品中，对称的图案配色与不对称的图案配色会同时出现，如图3–24（b）所示，应用这种配色的费尔岛针织品更具灵动性。❶

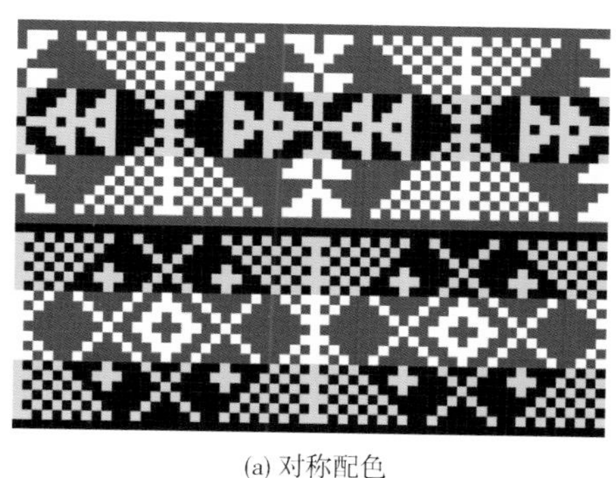

(a) 对称配色

(b) 不对称配色

图3–24 传统费尔岛针织品的配色

（采用龙星电脑横机软件绘制）

三 传统费尔岛针织品的色彩布局

色彩布局主要指费尔岛针织品的图案色和背景色的变化关系，传统费尔岛针织品的色彩布局有以下三种：背景色与图案色都变化；背景色变化而图案色不变；图案色变化而背景色不变。

❶ STARMORE Alice. Alice Starmore’s Book of Fair Isle Knitting [M]. US: Dover Publications, 2009: 67–71.

1. 背景色与图案色都变化

背景色与图案色都变化，即上文在配色原则中提及的图案色和背景色通过更换纱线的方式相互变换，这种变化可以使针织物整体色彩显得异常丰富，但会削弱图案的清晰度。图案色与背景色一起变化时，又可以分为三种情况：图案色与背景色在同行同时变化；图案色与背景色在不同行交错变化；背景色与图案色相融合。

（1）图案色与背景色在同行同时变化：一般会在同一行同时变换编织图案和背景的纱线，使图案色和背景色的变换位置一致，图案效果较为清晰、规律，如图3-25所示。

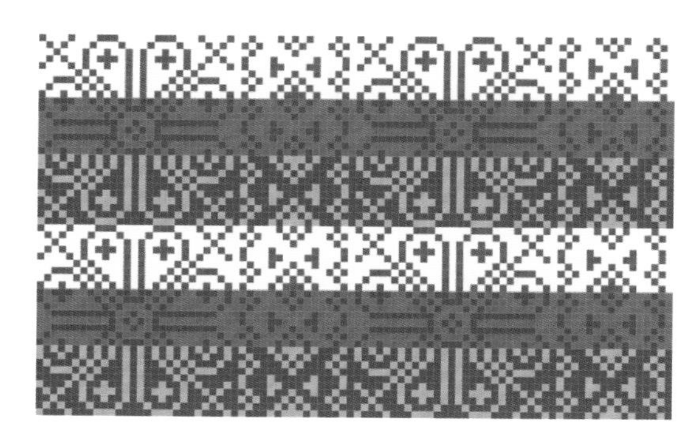

图3-25　图案色与背景色同时变化
（采用龙星电脑横机软件绘制）

（2）图案色与背景色在不同行交错变化：即按照一定规律，在图案色纱线换色时，背景色纱线不变；背景色纱线换色时，图案色纱线不变，形成错落有致的效果，如图3-26所示。

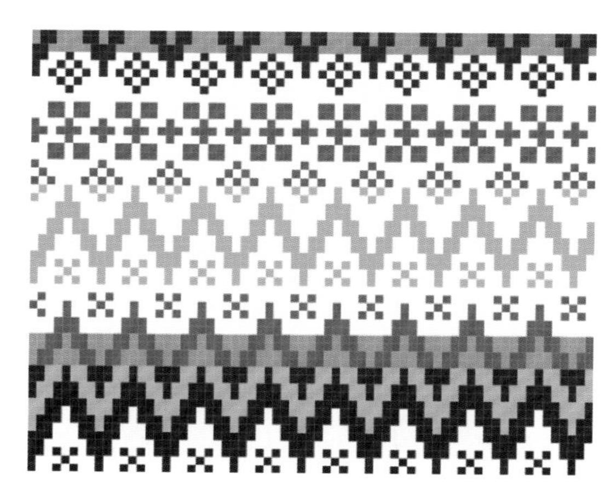

图3-26　图案色与背景色交错变化
（采用龙星电脑横机软件绘制）

（3）背景色与图案色相融合：即图案色和背景色在变化过程中色相和明度不断靠近，最后图案色和背景色融为一体。此种布局的费尔岛针织图案呈现出由清晰到模糊的过程，形成消逝感，如图3-27所示。

2. 背景色变化而图案色不变

背景色变化而图案色不变，即图案色始终采用同一种颜色的纱线编织，仅不断更换背景色的纱线，如此图案会变得格外突出，背景则稍显朦胧，如图3-28所示。

3. 图案色变化而背景色不变

图案色变化而背景色不变，这种色彩布局与背景色变化而图案色不变的方案正好相反，是背景色始终采用同一种色彩的纱线编织而不断变换图案色的纱线，如此布局的针织图案也会变得清晰明显、色彩丰富，如图3-29所示。

图3-27　背景色与图案色相融合
（采用龙星电脑横机软件绘制）

图3-28　仅背景色变化
（采用龙星电脑横机软件绘制）

图3-29　仅图案色变化
（采用龙星电脑横机软件绘制）

第三节　传统费尔岛针织品的编织材料

英国拥有种类繁多的绵羊品种，羊毛资源丰富，并且具有悠久的人工饲养培育绵羊的历史。英国本土的绵羊主要分为两大类：长毛品种和短毛品种。通常长毛品种的毛纤维较长、光滑、微卷，羊的体型较大，所产羊毛适于做品质较好的纺织品。而短毛品种的毛纤维较粗并卷曲，羊的体型较小，生长速度快，主要用作食用。设得兰郡的绵羊属于长毛品种，如图3-30所示，并且主要分布在设得兰主岛地区，是该地区特有的品种，该品类绵羊毛色种类繁多，也为传统费尔岛提花针织品的产生提供了条件。

图3-30　设得兰郡的绵羊
（图片源自维基百科）

早期的费尔岛针织品采用费尔岛本地的绵羊毛纺线编织而成，后由于费尔岛针织品与设得兰主岛针织品的融合，设得兰主岛出产的羊毛被用于制作费尔岛针织品。设得兰主岛的羊毛细腻柔软、品质优越，最初被用于制作针织内衣，可见其舒适性。出自设得兰主岛的自然色羊毛与染色羊毛是公认的传统费尔岛针织品的优质编织材料，并且一直沿用至今，用出自其他地区的纱线及其他材料编织的具有费尔岛针织品设计元素的织品一般被认为是对传统的演绎和借鉴,而非传统的费尔岛针织品。

第四节　费尔岛针织品的编织工艺

费尔岛针织品采用有虚线提花工艺进行编织制作，最初是采用手工棒针的方式编织，卡片式针织提花机产生后，编织效率大大提高，随着现代针织电脑横机的问世，传统的提花编织方式得到丰富和拓展，出现了多种针织提花编织方式。

一 手工编织

由于费尔岛针织品是纬编针织组织，即纱线通过横向成圈形成织物。如果需要更换编织的纱线，一般在一行编织完成后、新一行编织开始时添入新纱，这样换线留下的线头会处于织物的左右两端，便于处理，编织完成后可用钩针将线头编入织物边缘，不影响织物整体的平整。编织完成后整体上形成不同颜色的横条，也称彩条组织（Color-Stripes Single Jersey），如图3-31（a）所示。费尔岛针织品每段图案中不同色彩纱线的更换就是建立在这种工艺的基础之上。

在分段换色的基础上，费尔岛针织通过在编织行不断变换两条不同色彩的纱线来形成图案，如图3-31（b）所示，这两条参与编织的纱线色彩差异越大，编织形成的图案就越清晰明显。这一编织工艺既有审美趣味又兼具实用性，使编织更加方便容易，同时，也不会使织物背后的浮线造成作品的厚重、不平整、不美观。

(a)彩条组织

(b)手工编织费尔岛针织品

图3-31 手工编织的针织品

编织时具体操作如下：纱线1编织时，纱线2不参与编织；纱线2编织时，纱线1不参与编织；不参与编织的纱线会在换线区间织物的反面留下浮线，随着两色纱线的频繁交替，在织物背面便会留下不同颜色的浮线，浮线构成的图案与织物正面的图案基本相同。编织时两色纱线间隔的距离依据编织纱线、棒针的型号而定，当织物反面的浮线过长时（大于1.5cm），穿着服装时织物容易勾丝，导致线圈抽紧或脱圈，需要在浮线中间用手针固定。

手工编织费尔岛针织品时，采用的棒针与纱线一般较粗。当编织相同的费尔岛针织图案时，采用的棒针及纱线越粗，形成的图案就越大，编织图案换线时产生的浮线也就越长。因此，如果不采用手针固定，应尽量选用较细的棒针和纱线编织换线间距较大的图案，从而控制织物背面的浮线长度。

二　机械编织

针织编织机械的出现极大地提高了工作效率，在产品数量上为针织品的拓展和延伸提供了各种可能性。

1. 卡片式针织提花横机

早期用于针织提花编织的机器。该机械通过在特制的卡片上打孔记录需要编织的图案，编织时将制作好的卡片插在机器上即可编织有虚线提花织物。编织时受卡片宽度的限制，图案循环的针数相对规律，一般以24针为一循环，这一技术在现今仍有应用，如日本的兄弟牌、银笛牌（Silver Reed），瑞士的百适牌（Passap）等都曾有可以使用卡片编织提花织物的针织提花横机机型，如图3-32所示。[1]

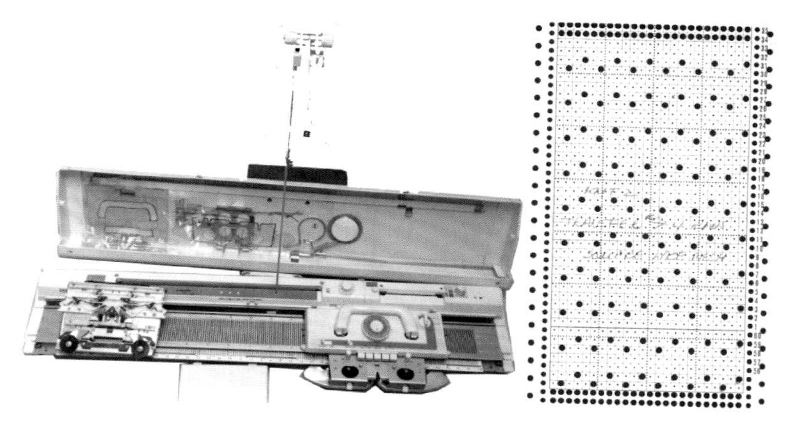

图3-32　日本银笛牌针织提花横机和有编织图案的卡片

2. 针织电脑横机

如图3-33所示，将各种针织花型通过电脑编程制成编制程序，使用编制程序操作电脑横机自动完成编织。这一技术使针织提花编织更为迅速便捷，节约了时间和人力，同时拓展了提花组织的类型，如双面针织提花组织的产生有效地解决了费尔岛针织品浮线过长易钩挂的问题。针织电脑横机可以编织芝麻点提花、空气层提花和拉网提花等织物，为费尔岛针织品的工艺设计提供了

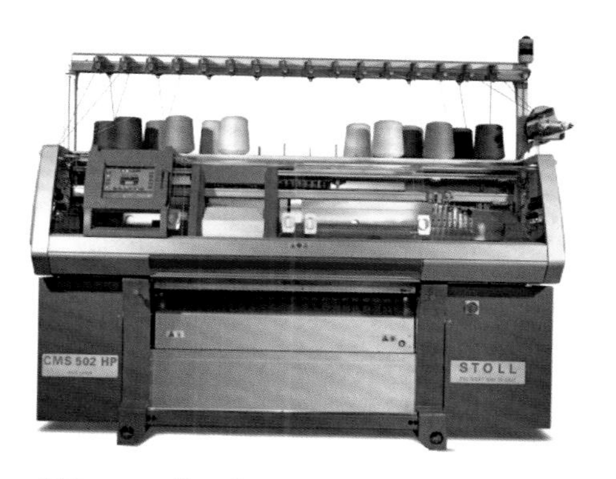

图3-33　德国斯托尔（Stoll）电脑横机

[1] ESSINGER James. How a Hand-Loom Led to the Birth of the Information Age [M]. UK: Oxford University Press, 2004: 12-15.

更广阔的空间。

（1）芝麻点提花：为双面针织提花组织。其特点为织物编织时正面组织为满针编织，背面组织也为满针编织，背面形成与正面同色的点状效果，如图3-34所示。芝麻点提花需要编织区域的里板和外板所有织针同时参与编织来实现，里板在编织图案正面时，外板不参与图案编织的纱线与里、外板编织时同行的两色纱线相互交错，形成紧密的组织。芝麻点提花编织的费尔岛针织品比较平整，较耗费纱线，织物一般也较厚重。如果需要编织三色或三色以上的提花，使用芝麻点提花会更容易实现。

(a) 织片正面

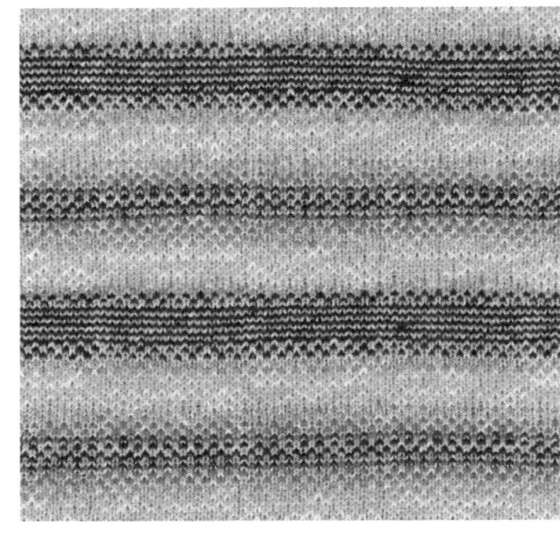

(b) 织片背面

图3-34 芝麻点提花织片

（采用龙星电脑横机编织制作）

（2）空气层提花：也叫双面提花，为双层针织组织。其特点为编织物正面的图案与背面的图案形制相似而颜色相反，如图3-35所示。双面提花组织需要编织区域的里板和外板所有织针同时参与编织来实现，将编织过程中暂时不需要参与里板正面图案编织的纱线编入

(a) 织片正面

(b) 织片背面

图3-35 空气层提花织片

（采用龙星电脑横机编织制作）

外板，形成背面图案。在编织两色的费尔岛针织织物时，编织行只有两色纱线，编织的织物会比较平整，在编织图案时，1号线在里板编织的同时，2号线也在外板的同一位置进行编织，依据图案变化1号线与2号线交换编织，1号线与2号线分别编织时形成的组织是分离的，组织只在纱线交换编织时相连接。这种方式编织的织物相当于两块复合在一起的有虚线提花织物，织物中间会形成空气层，较为厚重，耗费纱线。

（3）拉网提花：为双面针织组织。其特点为织物编织时正面组织为满针编织，背面组织为编织一针空一至三针的条状组织结构，如图3-36所示。拉网提花相当于将有虚线提花中织物背面的浮线在外板隔针编织，可以有效解决有虚线提花中浮线过长、容易钩挂的问题，使用拉网提花可以编织放大比例的费尔岛针织图案，同时由于编织背面组织的外板不是满针编织，从而有效地节省了纱线用量，减轻了织物的重量。

(a) 织片正面

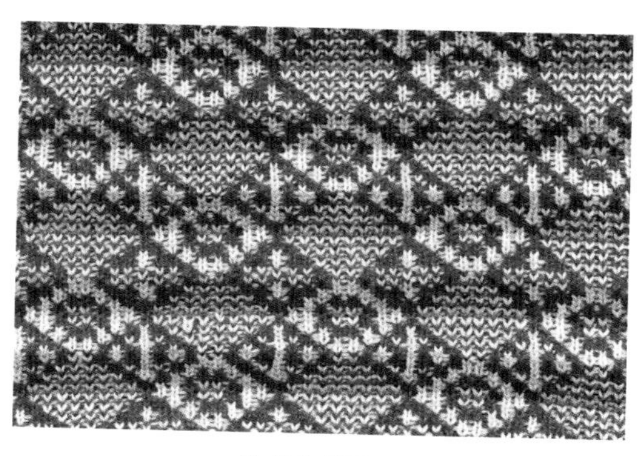

(b) 织片背面

图3-36　拉网提花织片

（采用龙星电脑横机编织制作）

第五节　传统费尔岛针织图案花型设计实例

在对传统费尔岛针织品的设计元素进行综合分析的基础上，以构图方式为分类基准，对传统费尔岛针织品的图案花型进行设计，以针织电脑横机的花型编程为实现方式，制作传统费尔岛针织花型组织的样片，为传统费尔岛针织品的设计提供参考。

一 横向构图的费尔岛针织样片

织物正面

基础组合图案

花型组织：有虚线提花

机械型号：7G

填色图案

织物反面

图3-37　传统费尔岛针织图案花型设计实例（1）

织物正面

基础组合图案

花型组织：有虚线提花

机械型号：7G

填色图案

织物反面

图3-38 传统费尔岛针织图案花型设计实例（2）

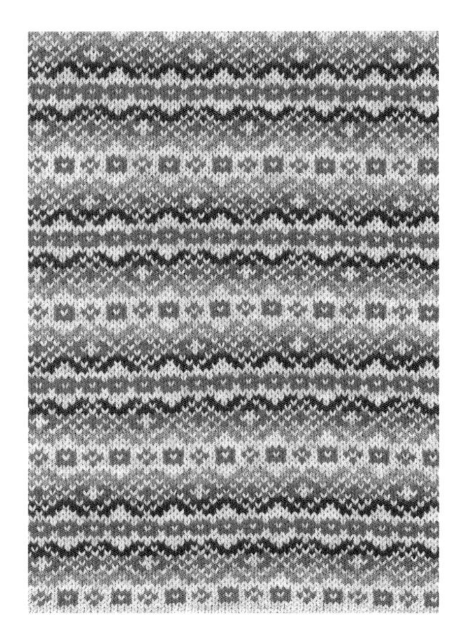

织物正面

基础组合图案

花型组织：有虚线提花

机械型号：7G

填色图案

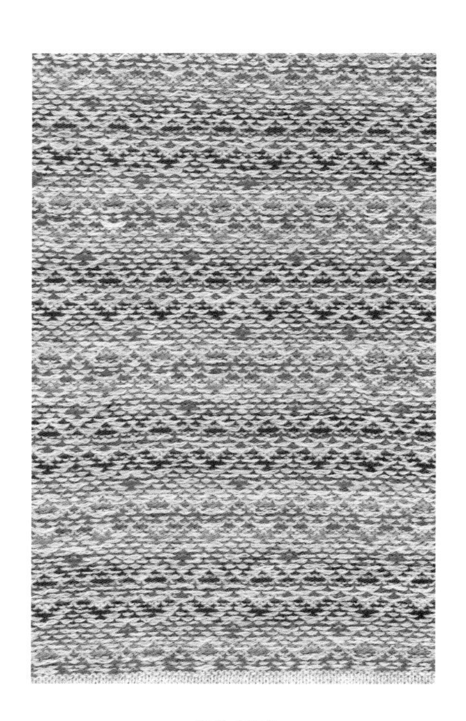

织物反面

图3-39 传统费尔岛针织图案花型设计实例（3）

织物正面

基础组合图案

花型组织：有虚线提花

机械型号：7G

填色图案

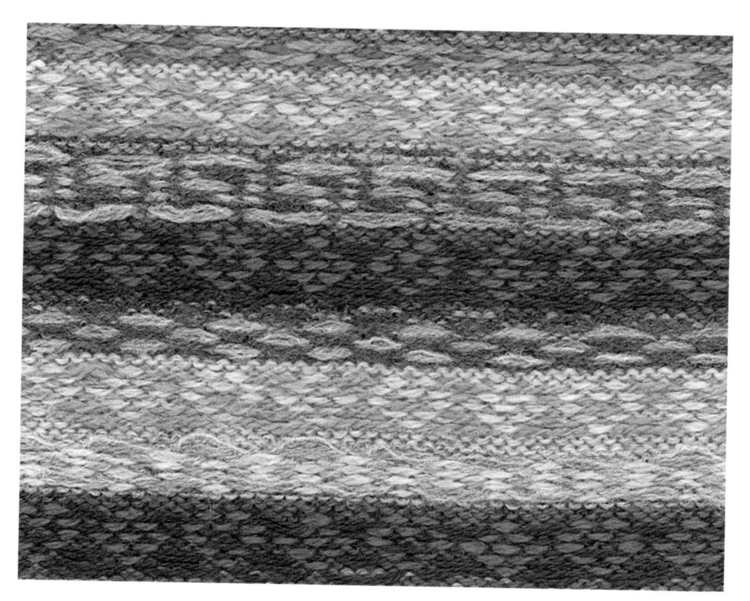

织物反面

图 3-40　传统费尔岛针织图案花型设计实例（4）

织物正面

基础组合图案

花型组织：有虚线提花

机械型号：7G

填色图案

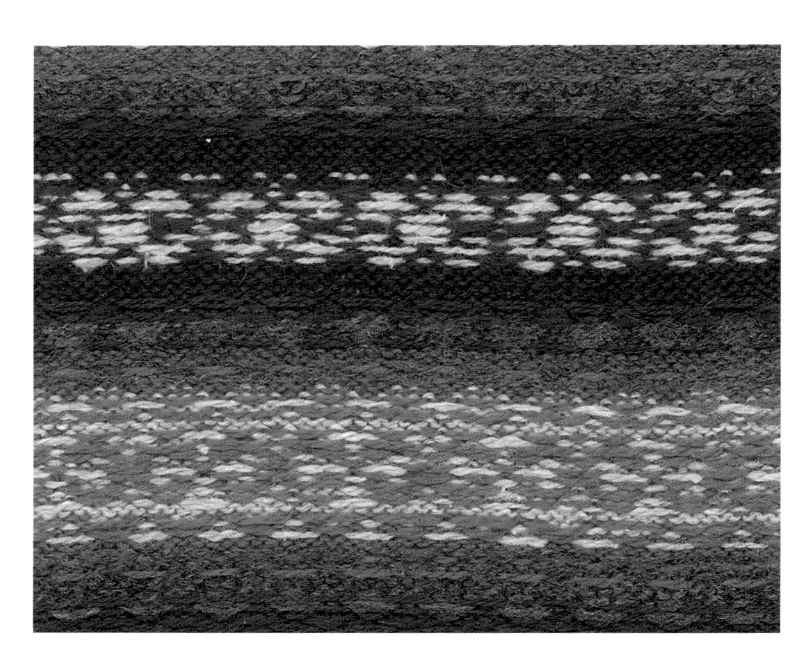

织物反面

图3-41 传统费尔岛针织图案花型设计实例（5）

织物正面

基础组合图案

花型组织：有虚线提花

机械型号：7G

填色图案

织物反面

图3-42　传统费尔岛针织图案花型设计实例（6）

织物正面

基础组合图案

花型组织：拉网提花

机械型号：7G

填色图案

织物反面

图3-43 传统费尔岛针织图案花型设计实例（7）

织物正面

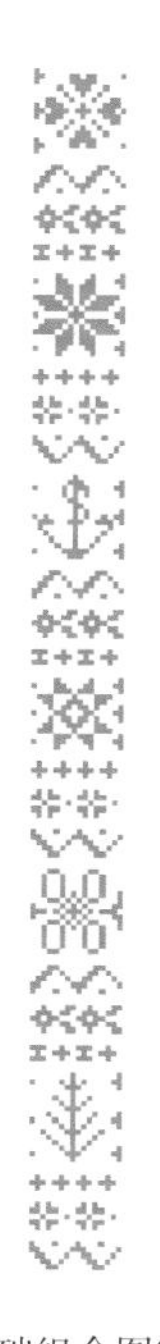
基础组合图案

花型组织：拉网提花

机械型号：7G

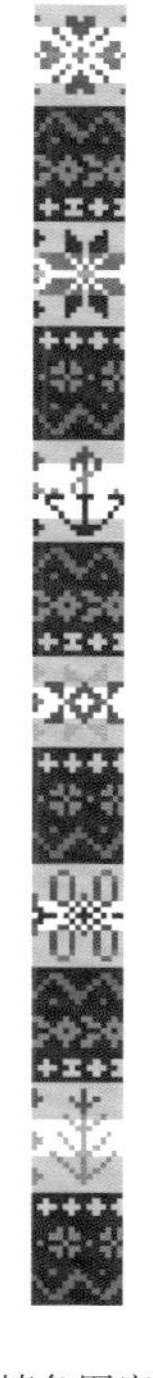
填色图案

织物反面

图3-44　传统费尔岛针织图案花型设计实例（8）

织物正面

基础组合图案

花型组织：拉网提花

机械型号：7G

填色图案

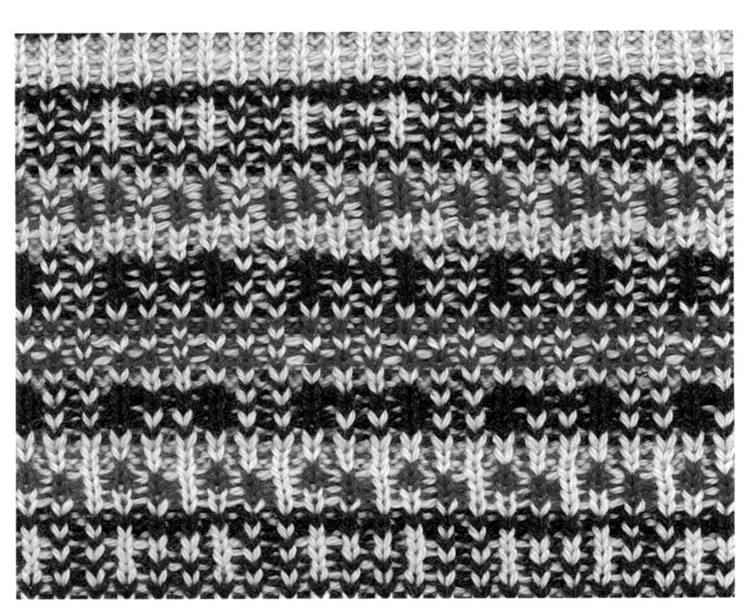

织物反面

图3-45 传统费尔岛针织图案花型设计实例（9）

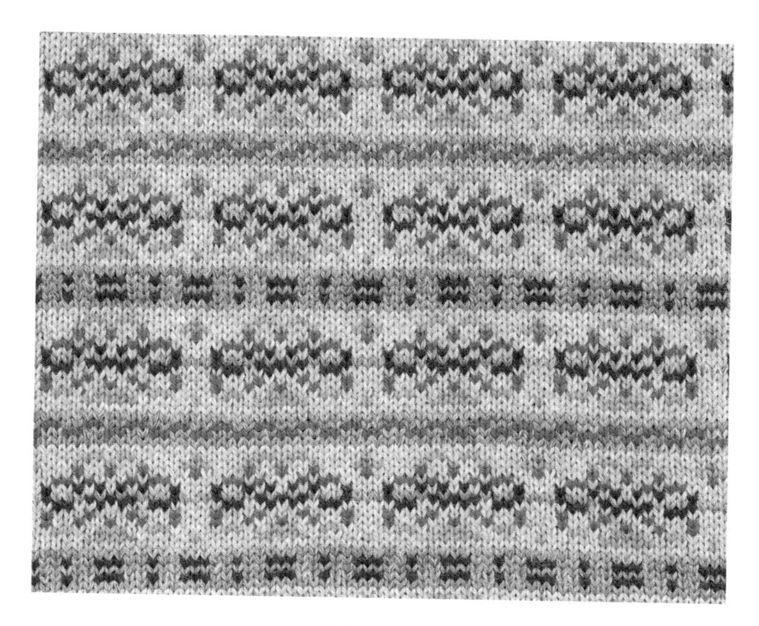

织物正面

基础组合图案

花型组织：拉网提花

机械型号：7G

填色图案

织物反面

图3-46 传统费尔岛针织图案花型设计实例（10）

织物正面

基础组合图案

花型组织：芝麻点提花

机械型号：7G

填色图案

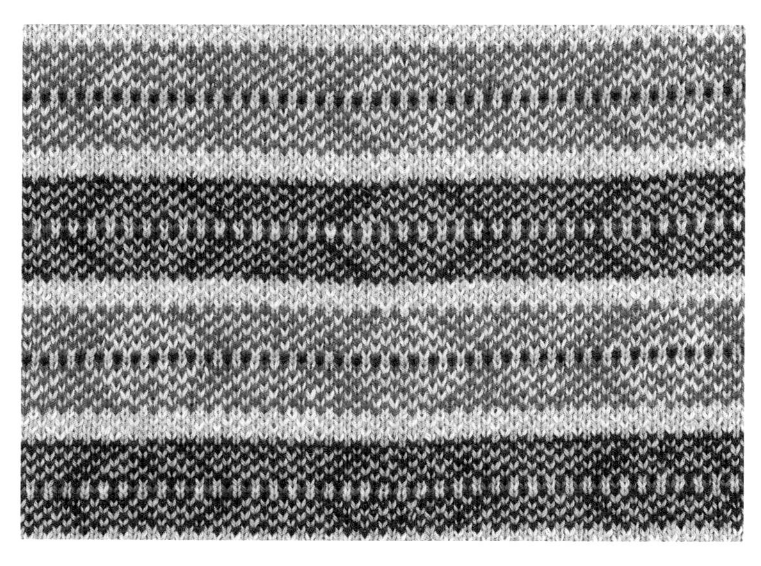

织物反面

图3-47 传统费尔岛针织图案花型设计实例（11）

织物正面　　基础组合图案

花型组织：空气层提花

机械型号：7G

填色图案　　织物反面

图3-48 传统费尔岛针织图案花型设计实例（12）

织物正面

基础组合图案

花型组织：空气层提花

机械型号：7G

填色图案

织物反面

图3-49 传统费尔岛针织图案花型设计实例（13）

二 纵向构图的费尔岛针织样片

织物正面

基础组合图案

花型组织：有虚线提花

机械型号：7G

填色图案

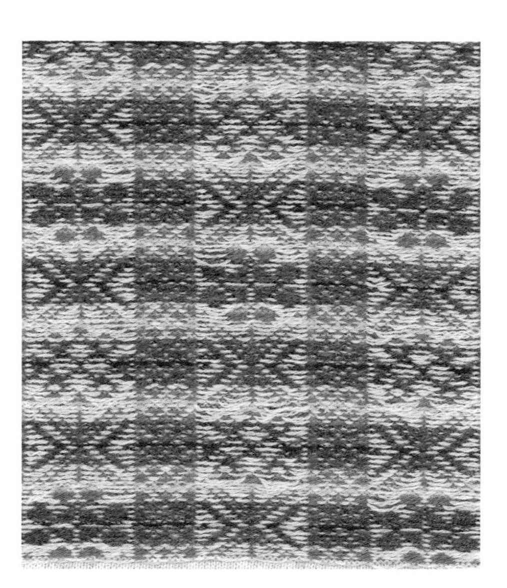

织物反面

图3-50 传统费尔岛针织图案花型设计实例（14）

织物正面

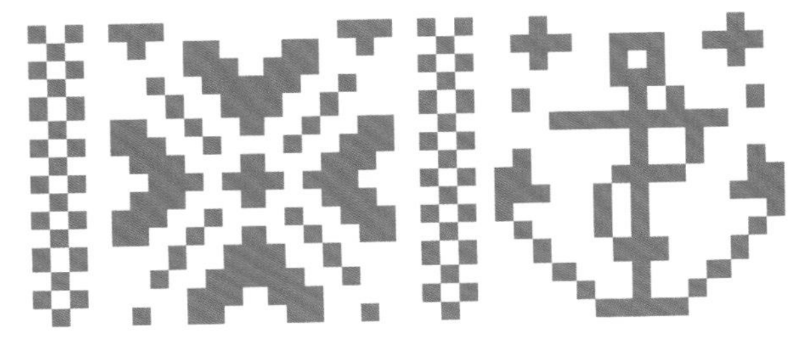

基础组合图案

花型组织：芝麻点提花

机械型号：7G

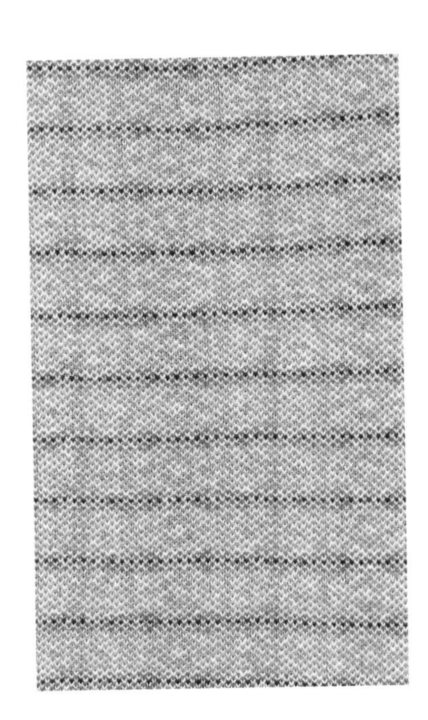

填色图案

织物反面

图3-51 传统费尔岛针织图案花型设计实例（15）

织物正面

基础组合图案

花型组织：芝麻点提花

机械型号：7G

填色图案

织物反面

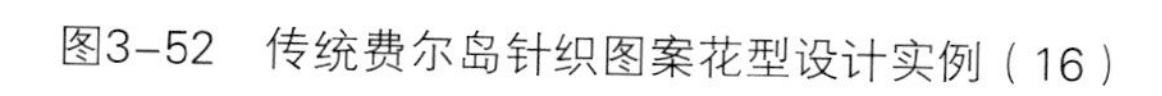

图3-52　传统费尔岛针织图案花型设计实例（16）

织物正面

基础组合图案

花型组织：芝麻点提花

机械型号：7G

填色图案

织物反面

图3-53 传统费尔岛针织图案花型设计实例（17）

三　菱形网状构图的费尔岛针织样片

织物正面

基础组合图案

花型组织：拉网提花

机械型号：7G

填色图案

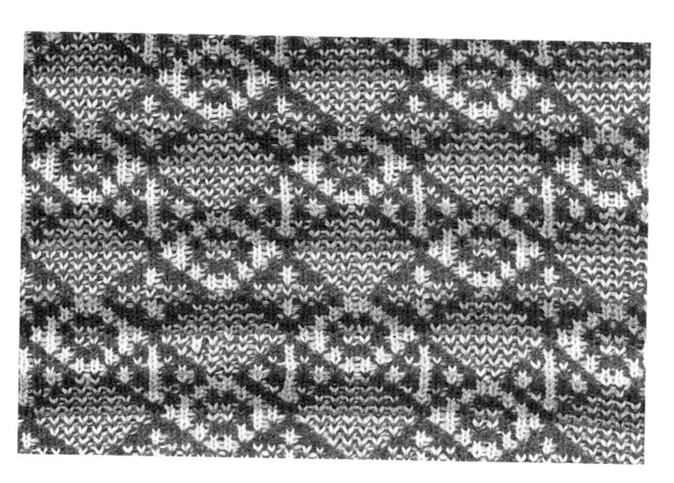

织物反面

图3-54　传统费尔岛针织图案花型设计实例（18）

织物正面

基础组合图案

花型组织：拉网提花

机械型号：7G

填色图案

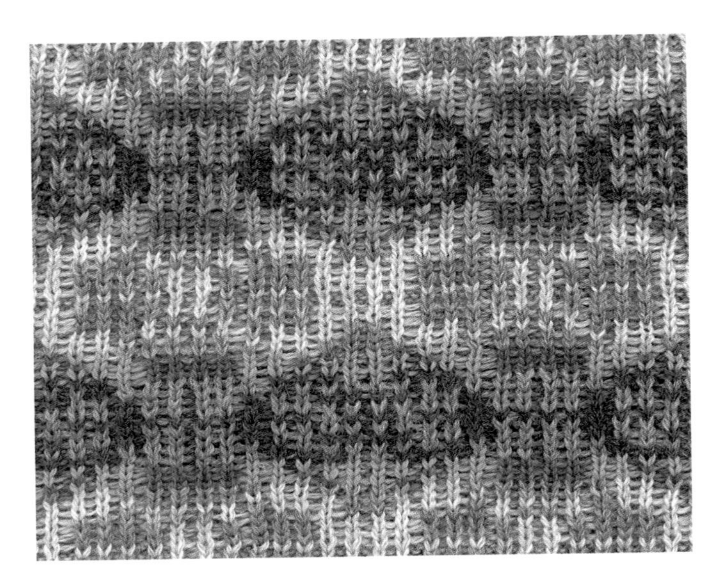

织物反面

图3-55 传统费尔岛针织图案花型设计实例（19）

织物正面

基础组合图案

花型组织：空气层提花

机械型号：7G

填色图案

织物反面

图3-56　传统费尔岛针织图案花型设计实例（20）

四 矩形棋盘状构图的费尔岛针织样片

织物正面

基础组合图案

花型组织：芝麻点三色提花

机械型号：7G

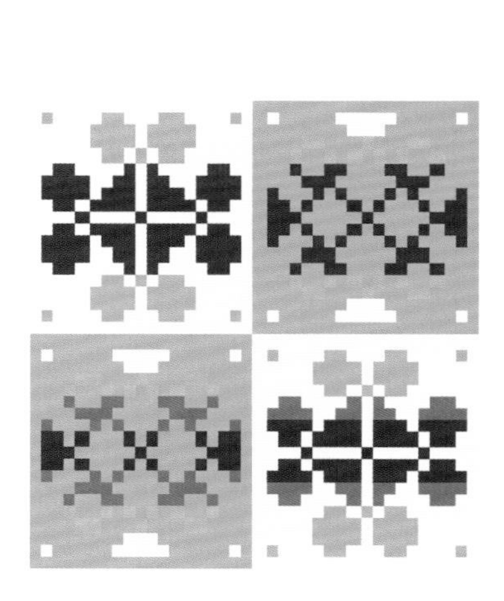

填色图案

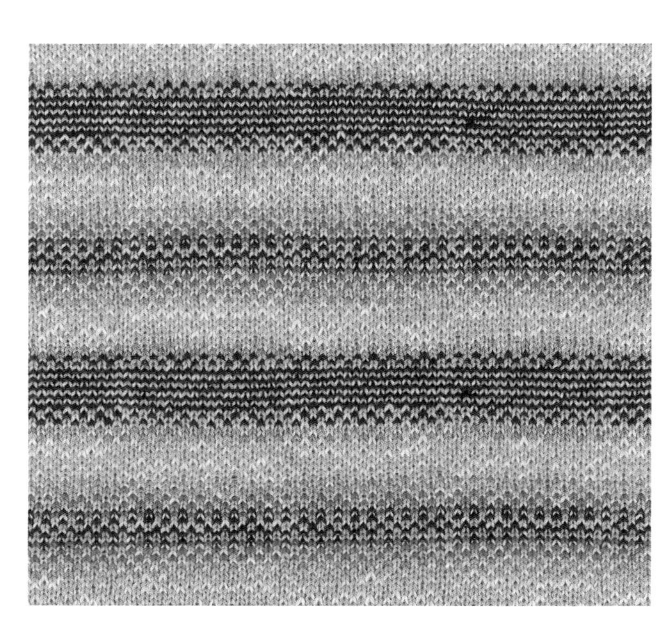

织物反面

图3-57 传统费尔岛针织图案花型设计实例（21）

织物正面

基础组合图案

花型组织：芝麻点提花

机械型号：7G

填色图案

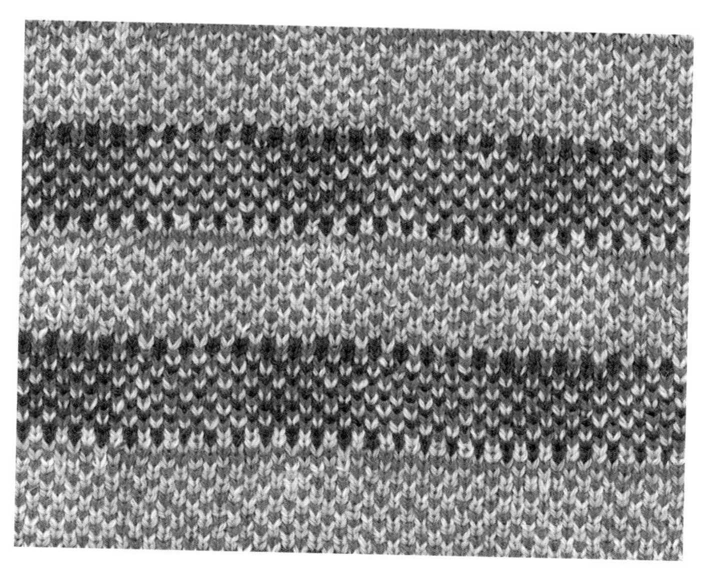

织物反面

图3-58　传统费尔岛针织图案花型设计实例（22）

织物正面

基础组合图案

花型组织：芝麻点提花

机械型号：7G

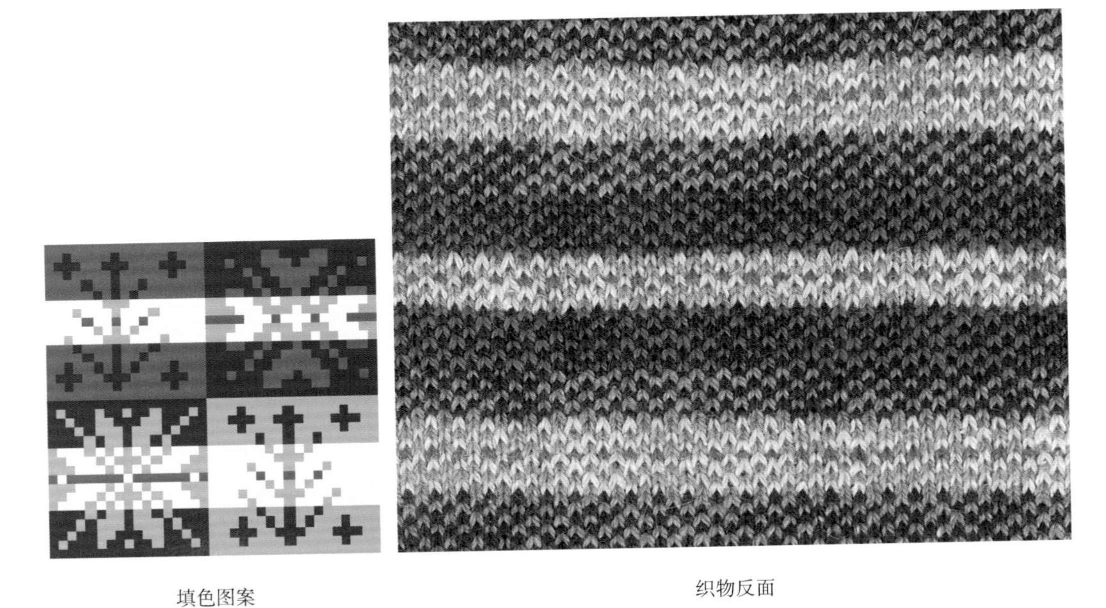

填色图案

织物反面

图3-59 传统费尔岛针织图案花型设计实例（23）

第六节　传统费尔岛针织服饰的复制

本书以历史文化为着眼点探究费尔岛针织品的源流发展、设计工艺及应用的演变，所有的创新设计都是建立在对传统费尔岛针织品设计元素的分析研究基础之上，通过复制的方式能够进一步传承和研究传统费尔岛针织品的图案色彩及工艺。服装复制将以20世纪20年代威尔士王储在高尔夫球场穿着的费尔岛针织毛衣为原型，再现辉煌时期的费尔岛针织服装，并以同样的图案色彩设计制作配饰围巾，再现费尔岛针织图案在配饰中的应用技巧。

在传统费尔岛服饰的复制中，根据威尔士王子穿着费尔岛针织毛衣的画像（图3-60），采用现代的羊毛纱线和电脑横机编织技术，复制服装的图案、色彩、款式和工艺。

图3-60　威尔士王子穿着费尔岛针织毛衣的画像

（STARMORE Alice. *Alice Starmore' s Book of Fair Isle Knitting* [M]. US: Dover Publications, August 21, 2009: 23）

服装款式为直身的V领套头衫，依照传统款式的制作工艺，服装的袖窿线为直线，与侧缝线为同一条线迹，袖山线也为直线，袖子呈梯形与服装前后片连接，如图3-61所示。

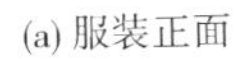

(a) 服装正面　　(b) 服装背面　　(c) 组织花型正、反面

图3-61　复制的费尔岛针织服饰

（采用龙星电脑横机编织制作）

在传统费尔岛针织围巾的制作过程中，为了增加围巾的保暖性，同时解决有虚线提花背面浮线容易钩挂的问题，在制作时将编织完成的围巾织片横向对折，然后将围巾的侧边和两条底边缝合，最后装饰流苏。现代的电脑横机采用空气层提花编织工艺也可以实现费尔岛针织围巾的制作，但在图案呈现效果上略有不同，如图3-62所示。

(a) 传统工艺制作的费尔岛针织围巾

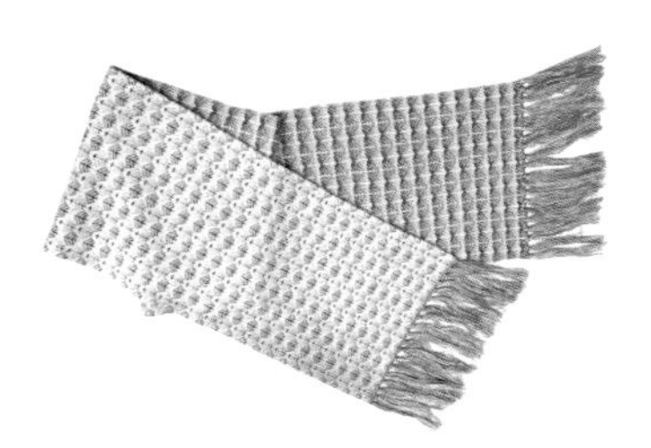

(b) 空气层提花制作的针织提花围巾

图3-62　不同工艺制作的费尔岛围巾

（采用龙星电脑横机编织制作）

CHAPTER FOUR

INNOVATION & DESIGN PROCESS

第四章

费尔岛针织品的创新设计与实践

第一节　费尔岛针织品图案的创新设计
第二节　费尔岛针织品色彩的创新设计
第三节　费尔岛针织品编织材料的创新应用
第四节　费尔岛针织品制作工艺的创新应用
第五节　费尔岛针织织物的创新设计实例
第六节　费尔岛针织服饰的创新设计与应用

4

Part 4

第四章　费尔岛针织品的创新设计与实践

前几章节已经从地域民情、历史文化、设计工艺手法等方面对传统费尔岛针织品进行了系统的分析，本章将在把握前几章内容的基础上，运用费尔岛针织品的设计元素进行延伸性设计，从图案、色彩、材料和工艺等方面做尝试性的设计创新，探索费尔岛针织品设计元素的运用手法和空间。

第一节　费尔岛针织品图案的创新设计

一　传统费尔岛针织基础图案的变化与衍生

在20世纪90年代及当今的时装秀场上都出现过改变传统费尔岛针织品基础图案的演绎方式。这种演绎方式将传统费尔岛针织品的基础图案变形后重组排列，增添了图案的装饰感和灵活性。在进行基础图案的改进创新时，设计师们往往严格遵循着传统费尔岛针织品图案的排列方式，因为如果同时大幅度地改变图案和图案排列方式，可能会产生似是而非的效果，以致脱离费尔岛针织品设计的主题。因此革新与遵循传统是相对而言的，这就要求在革新的同时，能够把握费尔岛针织品的核心特点——秩序感。

1. 基础图案的变化

在不改变传统费尔岛针织品图案排列方式的基础上，对费尔岛针织品的基础图案进行变化演绎。如图4-1所示的费尔岛针织品，将传统的波浪图案拆分，改变其原本规律的排列方式，将其与小型图案以横向排列的方式组合，形成错落、交替的波浪图案。

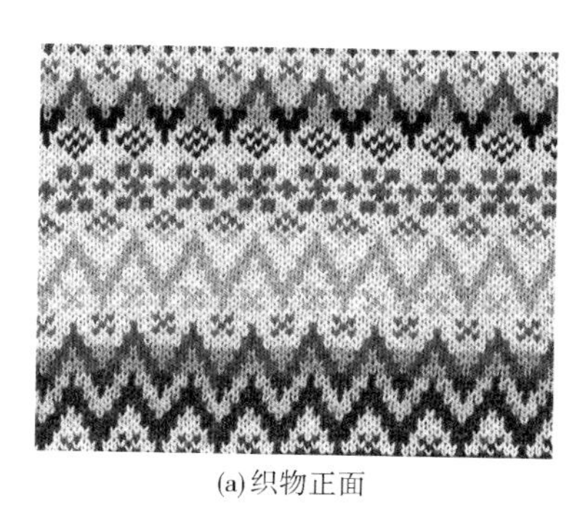
(a)织物正面

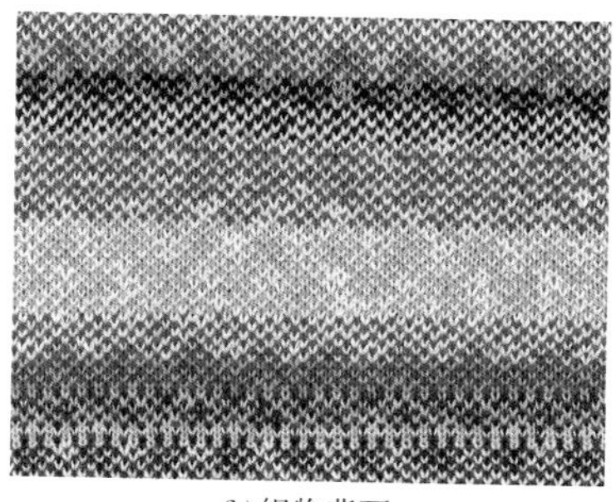
(b)织物背面

图4-1　费尔岛基础图案的演绎

（采用龙星电脑横机编织制作）

2. 其他图案的引入

将其他图案引入费尔岛针织品图案的设计，相对于改变传统图案操作起来更容易。在不改变图案排列方式的基础上，设计者将其他具有设计感和时尚感的图案直接穿插在费尔岛传统图案中，再配合统一的色调，使不同的图案在不经意间自然地融合在一起，新鲜而不突兀。如图4-2所示，具有时尚感的骷髅图案与传统费尔岛针织品的图案相结合，为基本款的青果领针织开衫增添了时尚感。

图4-2　River Island 2011秋冬

将具有东方色彩的中国传统装饰图案与西方的费尔岛针织品图案结合，能够将中国元素不经意间填入西方的传统针织中，形成新的视觉感受和设计风格。中国传统装饰图案中具有代表性的云纹图案舒展、流动、变化无常与规律、对称、方正规矩的费尔岛针织图案存在明显风格反差，将这两种图案结合使用，以放大比例的手法突出云纹的飘逸动态，能够缓和费尔岛针织图案横向构图的稳定感，为传统费尔岛针织图案设计创新提供新的思路。

二　传统费尔岛针织图案排列方式的创新

传统费尔岛针织图案的排列方式极具规律性，主要有横向排列、纵向排列、菱形网状排列与矩形棋盘状排列四种构图方式。如果仅仅改变费尔岛针织图案的排列方式而不改变每个单独的图案，将其以分散无序的形式散布在织物上，可以形成特殊的装饰效果。如

图4-3所示，将大小不同的费尔岛针织图案散布在双面提花组织上，在色彩上采用宽度、颜色渐变的横向彩条，模仿传统费尔岛针织品的横条状填色方案，使其源于传统又不同于传统。

(a)织物正面

(b)织物背面

图4-3 分散无序的排列方式
（采用龙星电脑横机编织制作）

第二节 费尔岛针织品色彩的创新设计

缤纷的色彩是费尔岛针织品最突出的特征，色彩作为费尔岛针织品最为重要的元素之一，对针织品的整体效果起着重要作用。改变色彩的搭配以及色彩的布局可以使相同的图案呈现出完全不同的视觉效果。

一 费尔岛针织品色彩搭配的创新

不同时期的费尔岛针织品配色方案都各具特点，例如20世纪早期的费尔岛针织品较多采用红色、白色，或褐色、深蓝色，或红、黄、蓝三色的搭配，也有采用米色、咖色、驼色与灰色的天然毛色搭配。这些传统的配色方案大多呈现出质朴的田园风格或色彩艳丽的民族风貌。在了解传统费尔岛针织品色彩风格的基础上，可尝试运用传统费尔岛针织品通常不会采用的色彩搭配方案。如图4-4所示，将具有甜美梦幻风格的粉紫色系用于费尔岛针织品中，渐变的色彩使图案的轮廓变得模糊而整体，加之采用丝棉纱线编织，改变了传统费尔岛针织品蓬松的纯毛质感，呈现出柔和精细的质感。再如图4-5所示，简化传统费尔岛针织品的配色方案，采用无彩色和紫色，以不对称的色彩布局营造出具有视错效果的立体图案。

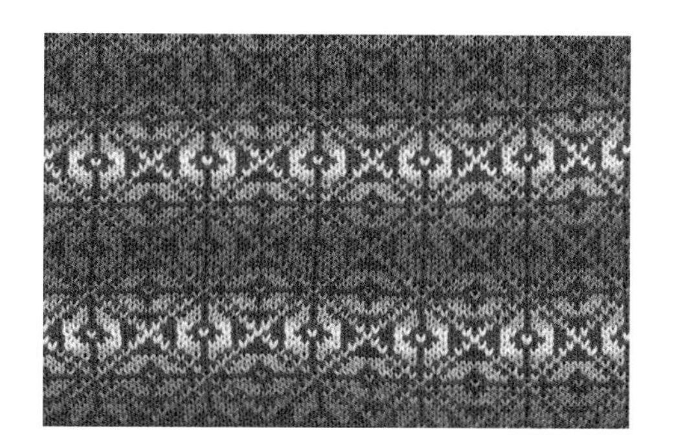

图4-4　粉紫色梦幻风格的费尔岛针织样片
（采用龙星电脑横机编织制作）

图4-5　无彩色立体效果的费尔岛针织样片
（采用龙星电脑横机编织制作）

二　费尔岛针织色彩布局的创新

传统费尔岛针织品的色彩通常是以横条的形式交错变化，在与具体图案结合时一般采用对称的填色方案，色彩的深浅变化以突出图案为宗旨。改变费尔岛针织的色彩布局可以使相同的基础图案呈现出完全不同的视觉效果，如图4-6所示，在相同的图案上通过不同的色彩分隔图案，改变色彩的填充比例以及图案色和背景色来实现不同的视觉效果。图4-6（a）所示为基础图案；图4-6（b）所示的图案色采用米色、咖色、褐色渐变对称填充图案，背景色采用素色；图4-6（c）所示的图案色采用素色，背景色采用浅灰、深灰渐变对称填充图案，并以黄色作点缀打破灰色调的沉闷；图4-6（d）所示的图案色与背景色均采用素色，简约明确，仅在菱形图案与绳索图案之间填充紫色分割线，打破图案色彩的常规布局，使菱形图案与绳索图案合为一体。

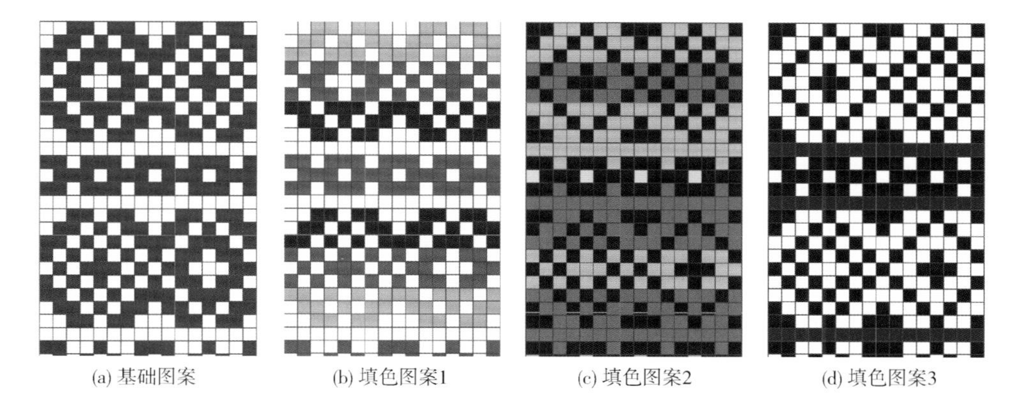

(a) 基础图案　(b) 填色图案1　(c) 填色图案2　(d) 填色图案3

图4-6　相同图案的不同色彩布局（1）
（采用龙星电脑横机软件绘制）

另外，改变费尔岛针织品横向条状填充色彩的方式，也可以创作出截然不同的效果，如图4-7所示。图4-7（a）所示为基础图案；图4-7（b）所示为常规色彩布局，即图案色横向条状填充，背景色为素色；图4-7（c）所示为以图案垂直对称线为基准，将对称线两端的图案色与背景色互换，再以横向条状的方式填充色彩，色块的装饰效果被加强，图案的具体轮廓被减弱。

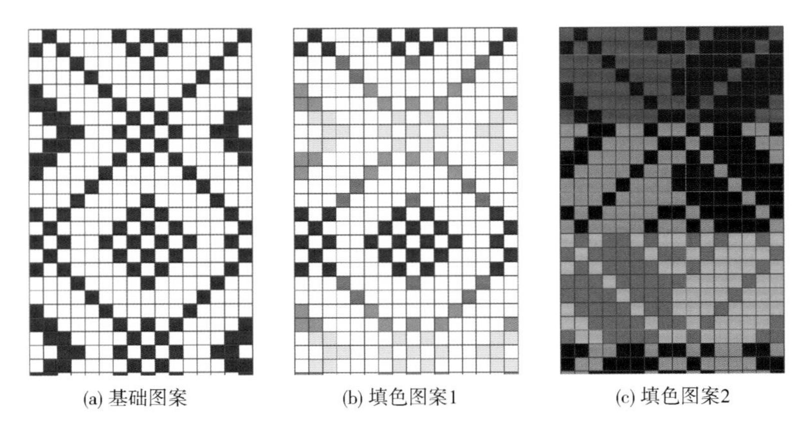

(a) 基础图案　(b) 填色图案1　(c) 填色图案2

图4-7　相同图案的不同色彩布局（2）

（采用龙星电脑横机软件绘制）

第三节　费尔岛针织品编织材料的创新应用

理论上说，所有线形材料都可以作为针织品的编织材料，但从实际生产角度出发，针织品主要以纱线作为编织材料。纱线是一种纺织品，用各种纺织纤维加工成一定长度的产品，用于织布、制绳、制线、针织和刺绣等，分为短纤维纱、连续长丝等。纱线的主要要素包含颜色、材质、纱支等几个方面。按照其材质不同可分为羊绒纱线、羊毛纱线、棉纱线、棉腈混纺纱线等；按照其纱支的不同可分为粗纺、半精纺、精纺等；按照其不同的外观形态又可分为平素纱和花式纱两种。考虑到不同外观形态的纱线会对针织品的最终状态产生很大影响，因此这里主要从平素纱和花式纱两种纱线形态进行分析和讨论。

一　平素纱线在费尔岛针织中的设计应用

平素纱线是相对于种类繁多、外观各异的花式纱线而言的。平素纱线的纱线条干清晰，纱线外观均匀，编织的织物外观纹理较清晰。在费尔岛针织品设计过程中，通过改变编织纱线的材质可以塑造出完全不同的质感，如棉纱、毛纱、丝光纱、冰岛纱等。使用粗纺毛纱编织的费尔岛针织织物通常有种质朴的手工感，且织物反光比较柔和，如图4-8所示；棉纱相对于纯毛纱编织的费尔岛针织织物基本没有光泽感，色泽也较生硬，如图4-9所示；而真丝纱线编织的费尔岛针织织物则具有较强的光泽，显得细腻精致，如图4-10所示。

(a) 织物正面

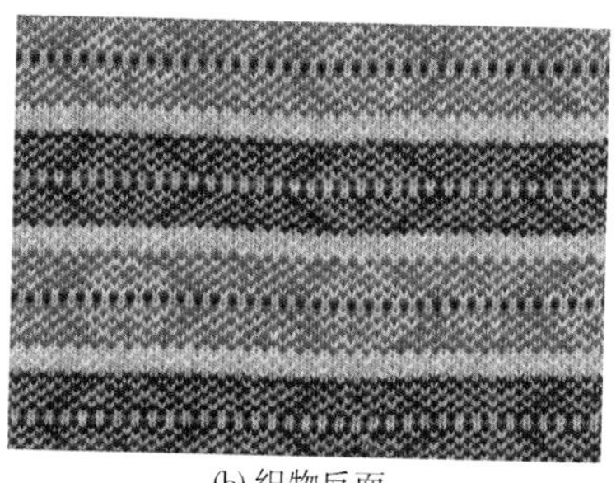
(b) 织物反面

图4-8　粗纺毛纱编织的费尔岛针织织物
（采用龙星电脑横机编织制作）

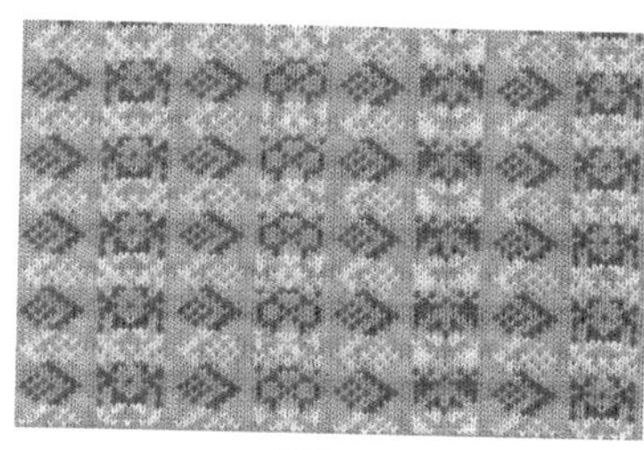
(a) 织物正面

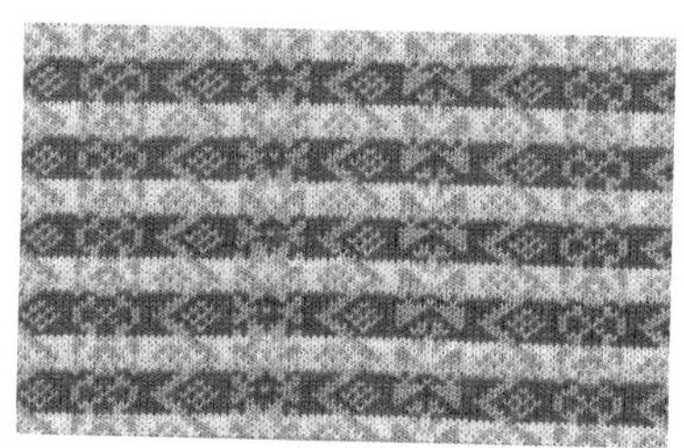
(b) 织物反面

图4-9　棉纱编织的费尔岛针织织物
（采用龙星电脑横机编织制作）

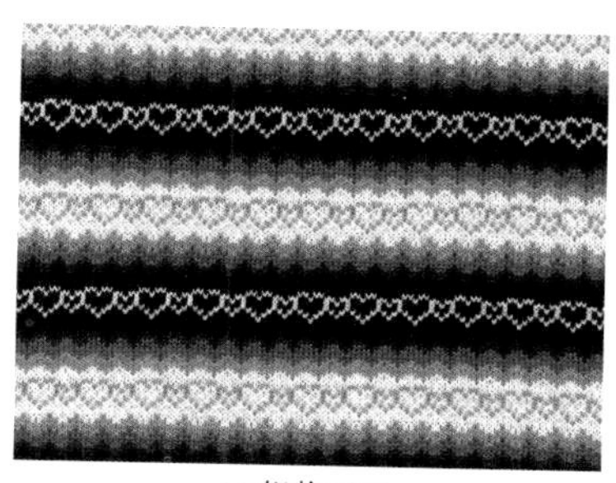
(a) 织物正面

(b) 织物反面

图4-10　真丝纱线编织的费尔岛针织织物
（采用龙星电脑横机编织制作）

二 花式纱线在费尔岛针织中的设计应用

花式纱线是指在纺纱和制线过程中采用特种原料、特种设备或特种工艺对纤维或纱线进行加工而得到的具有特种结构和外观的纱线，是纱线产品中具有装饰作用的一种纱线。在常用纱线的基础上采用花式纱线等一般不用于费尔岛针织品的纱线，甚至是金属丝、塑料绳等非常规纱线，可以创造出意想不到的特殊效果，常见的品种有结子线、螺旋线、粗节线、圈圈线、雪尼尔、段染线等。纺织品材料的创新，纺织技术的提升，为设计制作出全新外观质感及多种功能的纱线及纺织品提供了必要的支持。

冰岛毛是一种不加捻度的粗纺纱线，具有膨胀感和体量感，因此冰岛毛编织的费尔岛针织织物会显现出粗犷的质感，如图4-11所示。

(a) 织物正面

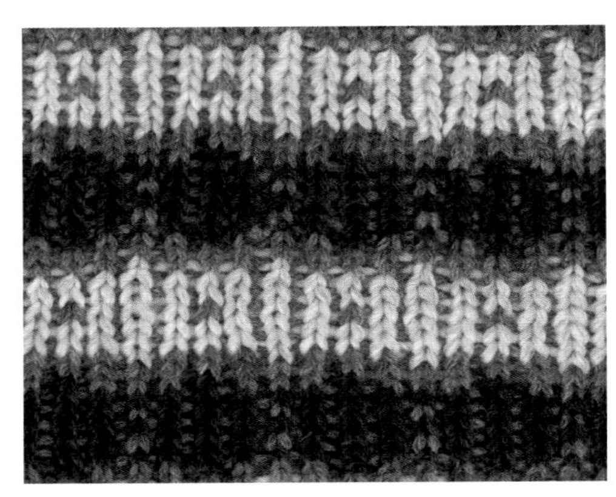

(b) 织物反面

图4-11 冰岛毛编织的费尔岛针织织物

（采用龙星电脑横机编织制作）

圈圈纱，一般由芯线、压线（有时也叫加固线）、饰线三部分组成，因饰线部分在加捻过程中可形成规则的圈圈效果而得名。将圈圈纱与棉纱结合编织空气层提花的费尔岛针织织物，由于圈圈纱布满了毛绒的线圈，充满蓬松感，将其与牛仔布质感的棉纱混合使用，在质感上可形成强烈反差。圈圈纱编织的图案立体而突出，棉纱则稍显平整，因此织物反面的棉纱编织的图案则呈现出凹陷感，如图4-12所示。

金银纱是有着金属光泽和质感的丝线，采用金银纱编织的费尔岛针织织物，织物外观色泽亮丽、平整，但织物手感较硬、缺乏弹性，如图4-13所示。单纯采用金银纱编织或将金银纱与其他纱线混用的针织品，都会给织物带来全新的光泽感，起到丰富织物细节和层次的作用。

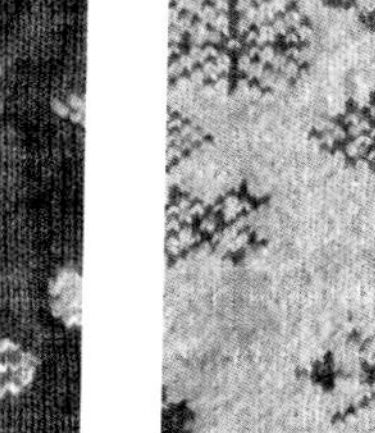

(a) 织物正面　(b) 织物反面

图4-12　圈圈纱与棉纱结合编织的费尔岛针织织物

（采用龙星电脑横机编织制作）

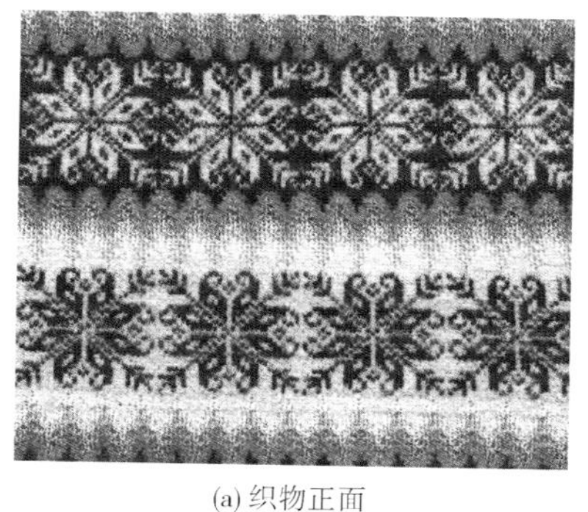

(a) 织物正面　(b) 织物反面

图4-13　金银纱与多种纱线结合编织的费尔岛针织织物

（采用龙星电脑横机编织制作）

透明纱是一种新型的编织材料，外表质感类似于钓鱼时用的透明鱼线，有丰富的色彩，光滑而有韧性。采用透明纱编织的费尔岛针织织物，具有塑料的质感，织物正面会透出织物反面的组织结构，由此产生全新的视觉效果。如图4-14所示的空气层提花针织织片，透过透明纱可以看到织物反面的组织，同时透明纱的使用也增加了织物的光泽感。

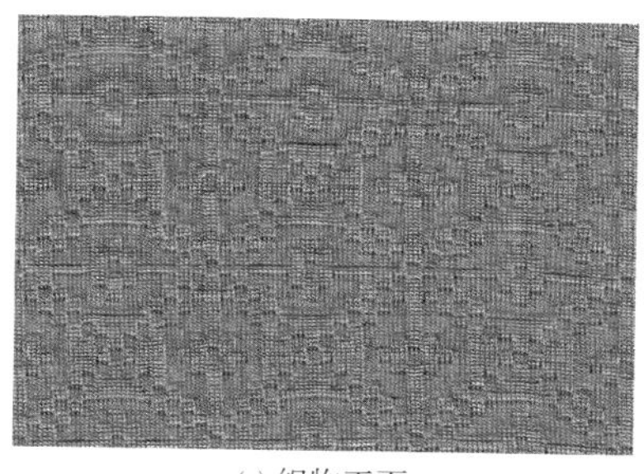
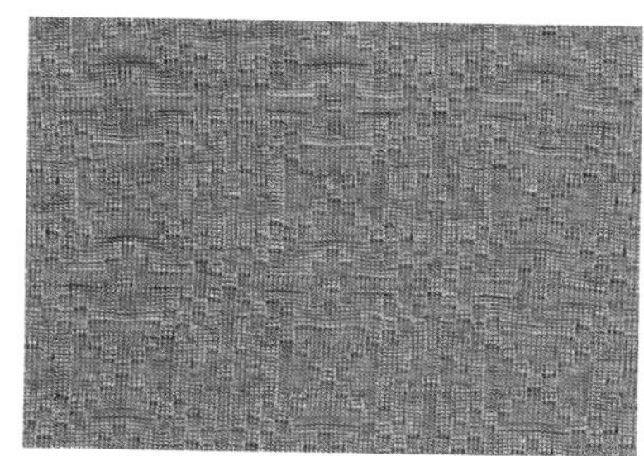

(a) 织物正面　(b) 织物反面

图4-14　透明纱与平素纱线相结合编织的费尔岛针织织物

（采用龙星电脑横机编织制作）

第四节 费尔岛针织品制作工艺的创新应用

传统费尔岛针织品的基本工艺为有虚线提花，工艺手法较为单一，具有较大的拓展空间，本节分别从针织工艺和其他非针织工艺入手，以不同的工艺手法来实现费尔岛针织品的创新设计。

一 不同针织工艺在费尔岛针织品中的应用创新

首先从针织工艺入手尝试最为基础的针织组织设计，以下提及的针织工艺设计全部采用电脑横机实现。

1. 针织提花工艺在费尔岛针织品中的创新应用

针织提花工艺是使用至少两色纱线通过交替编织形成线圈来实现预先设计图案的编织方式，其最初的实现方式是有虚线提花，电脑横机的出现促使新的针织提花工艺产生。

（1）有虚线提花组织正反面交替编织：是在有虚线提花编织工艺的基础上产生的。有虚线提花属于单面组织，即编织时只使用单面针床，并且有虚线提花结构的正反面结构明显不同，如果同时使用电脑横机的里、外针板进行编织，则可在编织过程中将有虚线提花组织的正反面组织相互交错替换。实现有浮线的图案与无浮线的图案在整块织物的同一面交替出现，如图4-15所示。其实现原理:当在双针板电脑横机上编织时，将两块针板分为里板和外板，里板编织的有虚线提花组织面向编织者的一面为无浮线的图案，外板编织的有虚线提花组织面向编织者的一面为有浮线的图案，通过翻针的方法将原本在里板编织的线圈移至外板编织，完成的编织物面向编织者的一面就会同时出现有浮线的图案和无浮线的图案，而背向

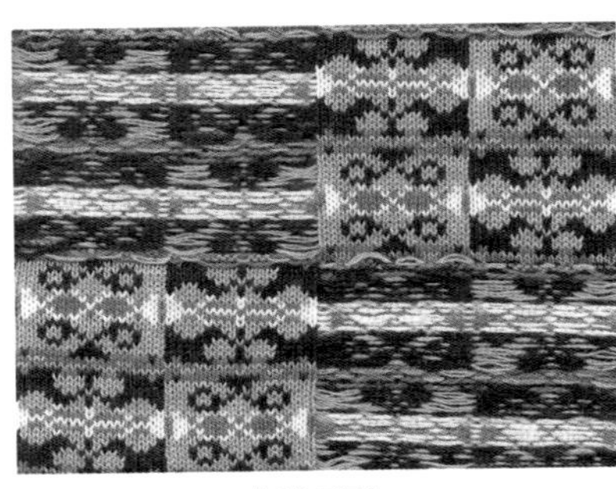
(a) 织物正面

(b) 织物反面

图4-15 有虚线提花组织正反面交替编织

（采用龙星电脑横机编织制作）

编织者的一面也会同时出现有浮线的图案和无浮线的图案，且编织物正反面有浮线的图案与无浮线的图案位置正好相反，形成清晰与朦胧并存的效果。

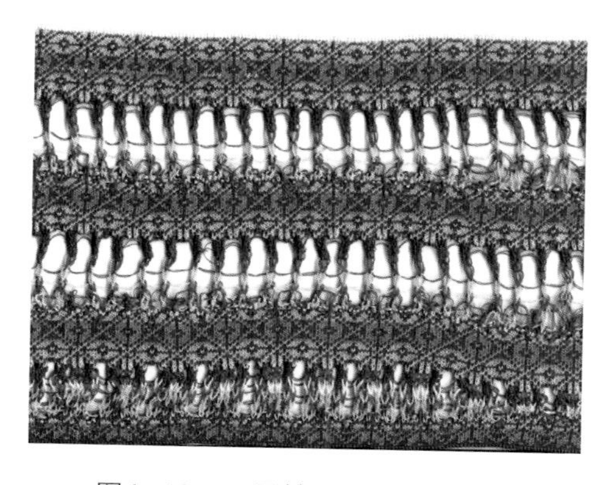

图4-16　双层针织提花组织脱圈

（采用龙星电脑横机编织制作）

（2）双面针织提花组织脱圈：在编织过程中，将在针板上编织的双面针织组织里板或外板上的线圈脱去，使脱圈部分的线圈变大，根据线圈脱散程度的不同形成松散、膨胀的组织或镂空的组织。一般在双面提花或芝麻点提花这类双层针织提花组织的基础上进行脱圈，在设计脱圈的位置时可以通过翻针的方式控制脱圈的范围。将其运用在费尔岛针织品设计中即可形成清晰的提花图案与镂空的网状组织并存的效果，如图4-16所示。

2. 其他针织工艺与费尔岛针织组织的组合应用

将其他针织组织、编织工艺与费尔岛针织组织花型相结合，可以丰富正面呈现纬平组织的提花图案的层次，增加肌理效果。

（1）阿兰花型组织：费尔岛针织图案与阿兰花型组织是比较容易结合的两种传统针织设计元素。阿兰花型组织是采用同色纱线编织的单面组织，借助编织时线圈的同向或相向的移动形成具有浮雕效果的花型。将这两种传统针织组织相结合，使图案在视觉上形成图案与浮雕肌理结合的半虚半实效果，如图4-17所示。

(a) 织物正面

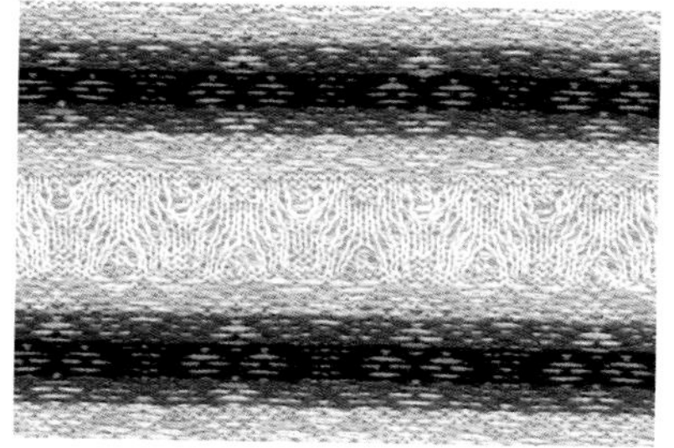

(b) 织物反面

图4-17　费尔岛针织图案与阿兰针织组织结合

（采用龙星电脑横机编织制作）

（2）凸条组织：为双面组织，在织物正面形成横条状突起。凸条组织采用双针板针织横机编织而成，在里、外板同时编织的双面四平组织的基础上，仅编织里板，数行后再继续编织四平组织，即可在织物正面形成横条状突起，且突起的幅度与里板单独编织的行数成正相关。传统的费尔岛针织品图案和色彩一般采用横向的排列方式，与凸条组织有共通点，如图4–18所示就是采用凸条组织作为分隔OXO图案的装饰，三组连续的凸条组织分隔两组OXO图案，并且凸条组织颜色的变化与提花图案颜色相承接。

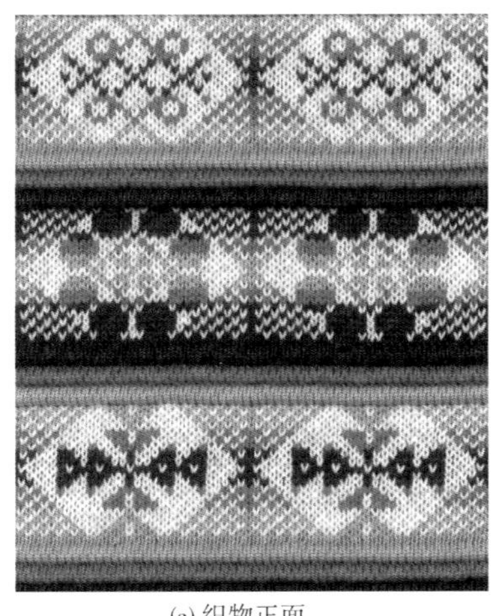

(a) 织物正面

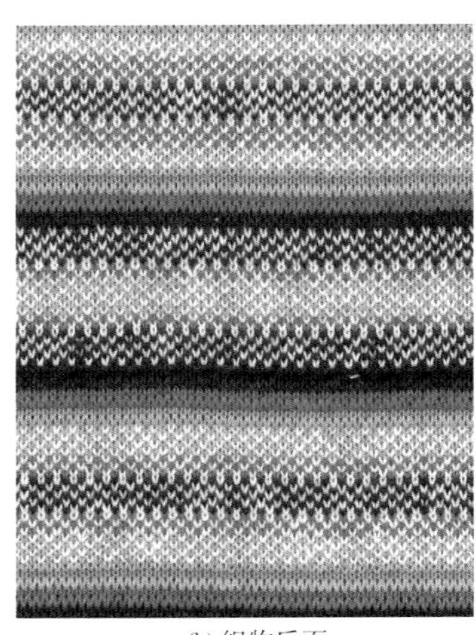

(b) 织物反面

图4–18 费尔岛针织品图案与凸条组织结合

（采用龙星电脑横机编织制作）

（3）纬平针组织：纬平组织具有很强的卷边性，以此特性作为设计点来丰富费尔岛针织品的层次感。其实现原理是单面针织组织与双面针织组织的相互转换：将单面有虚线提花组织（使用针织横机里板编织）与空转组织（同时在针织横机里、外板编织纬平针组织，形成首尾相连而中间相分离的双层纬平针组织）结合间隔编织。在有虚线提花组织的基础上编织空转组织，里、外板同时编织几行后，将外板编织的纬平针组织收针后脱圈，外板编织的纬平组织即形成卷边，如图4–19所示。由于卷边是在外板编织形成的，所以卷边出现在有虚线提花组织的反面，如果想使卷边出现在针织提花组织的正面，可以在编织完提花组织后，将针织横机里板线圈通过翻针移至外板后再编织空转组织来实现。

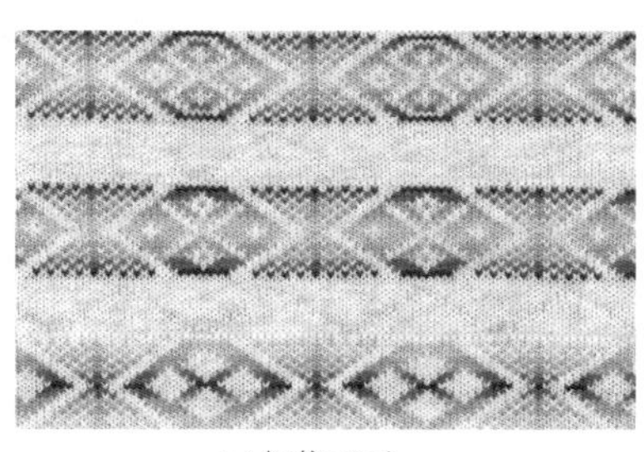

(a) 织物正面

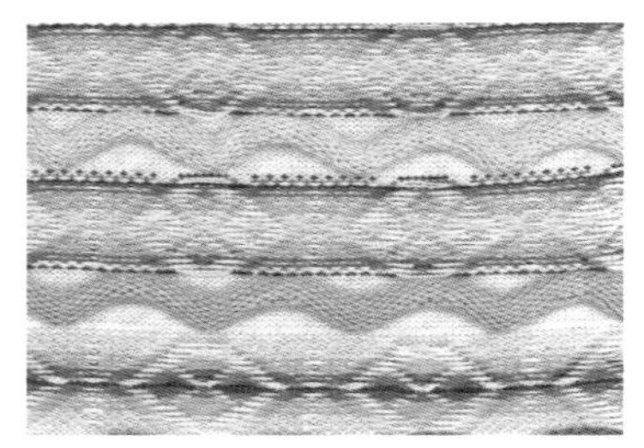

(b) 织物反面

图4–19 费尔岛针织品图案与纬平针组织结合

（采用龙星电脑横机编织制作）

（4）网眼组织：为单面针织组织，也称为挑孔，即通过移针的方式将参与编织的织针上的线圈移至两旁的织针上，在下一行编织时被移走线圈的织针上就会产生孔洞。一般会按照设计好的图案在需要镂空的地方移针，如图4-20所示，将费尔岛针织品图案的轮廓线用镂空的网眼来表现，同时采用夹条组织模仿费尔岛针织品横向排列的色彩效果。

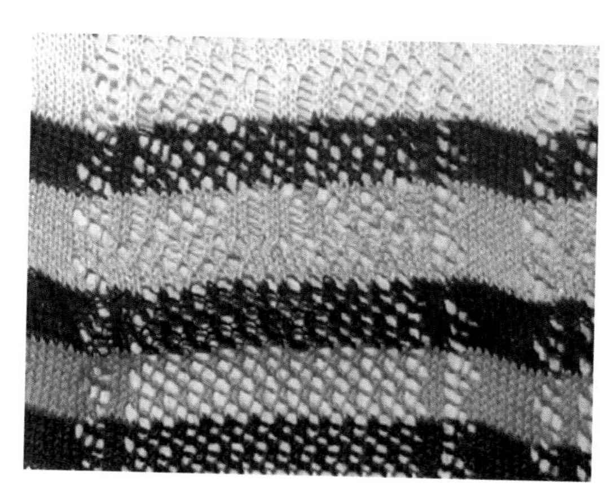

图4-20 费尔岛针织品图案在网眼组织上的应用（采用龙星电脑横机编织制作）

（5）局部编织工艺：局部编织也叫引返编织，或休止编织，该工艺可以通过棒针编织、手摇横机和电脑横机来实现，通常在棒针编织时称为引返编织，在手摇横机编织时由于横机具有休止功能而称为休止编织。以电脑横机编织操作为例，通常在编织织物时，机头会在编织区域的起止位置两侧移动，编织区域的所有织针参与编织；而局部编织则是要求编织时机头在织物的局部位置往返移动编织，编织时织物编织区域的部分织针参与编织，而编织区域的其他织针则处于不工作状态。局部编织可以通过控制编织区参与编织的织针数量、位置以及局部编织的行数，呈现出不同的局部编织效果，进而实现对肌理效果、图案效果及织片形状的设计。在横向构图的费尔岛针织图案花型设计中，采用局部编织工艺可以实现波纹状起伏的横向排列效果，或相互交叉的横条构图效果，如图4-21所示。局部装饰图案位置以及装饰图案在样片中的面积比例都是可以探讨的设计点，其具体的实现方式可以因实际构思及实现效果而异。

(a) 织物正面

(b) 织物反面

图4-21 局部编织工艺在费尔岛针织物上的应用（采用龙星电脑横机编织制作）

二 费尔岛针织品设计元素与非针织工艺结合的设计创新

在针织领域探索费尔岛针织品设计延伸性的基础上，可将各种提花工艺编织的费尔岛针织花型组织与其他非针织工艺手法结合，以丰富织物的层次感。此外，还可以直接采用非针织工艺设计制作的具有费尔岛针织品图案的织物，使费尔岛针织品设计元素的应用更具多元性。

1. 立绒刺绣——戳绣

立绒刺绣——戳绣，是河北民间几近失传的一种刺绣工艺，俗称“堵花”。戳绣是用专用的刺针带动彩色绣线在面料上按图案要求进行戳刺，使面料背面形成线圈，再用剪刀将线圈剪成绒面，如图4-22所示。戳绣是运用集中的线圈表现预先设计图案的装饰手法，将费尔岛针织品图案作为戳绣的题材进行设计，可使费尔岛针织品图案出现不规则的起绒肌理，这种手法既可以直接用于费尔岛针织织物（图4-23），也可以将费尔岛针织图案作为单纯的装饰性元素用在梭织面料或毛毡上。

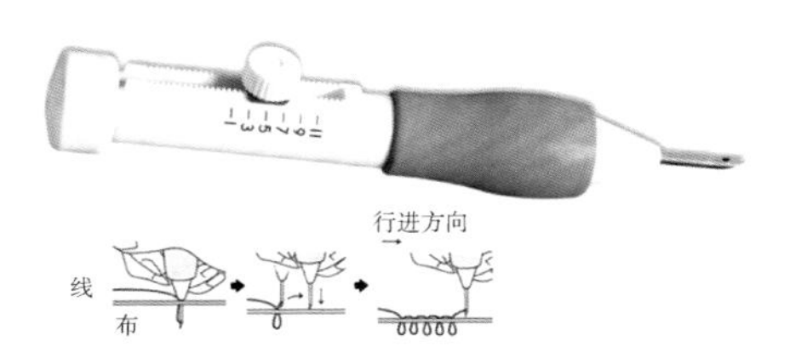

图4-22 立绒刺绣绣针及方法

(a) 织物正面

(b) 织物反面

图4-23 将立绒刺绣应用于费尔岛针织样片

（采用龙星电脑横机编织制作）

2. 针花工艺

针花工艺是通过针刺的方式，将毛纤维或其他纤维组织与垫在纤维下的织物相复合的工艺。通常先将用于针刺的纤维在织物上摆成预先设计好的样式再进行针刺，用于针刺的织物一般采用毛毡或其他较为紧密的织物（刺入的纤维不易脱落），现今也会使用纤维较粗、不加捻的冰岛纱，借助毛纱纤维鳞片的相互牵挂使其复合成面料，如图4-24所示。将针花工艺运用于费尔岛针织品可以将其他毛纤维与费尔岛针织织物复合，从而形成绒面的肌理效果，制作具有费尔岛针织图案的隔绒绣面料，如图4-25所示。还可以将费尔岛针织花型组织与制作好的隔绒绣面料拼接在一起使用。

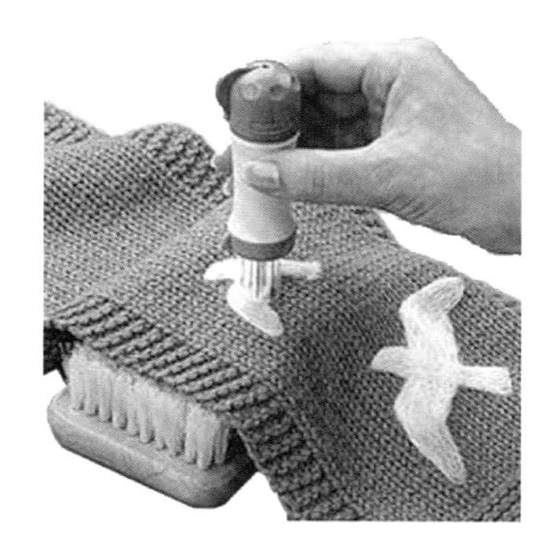

图4-24　针花工艺戳针及方法

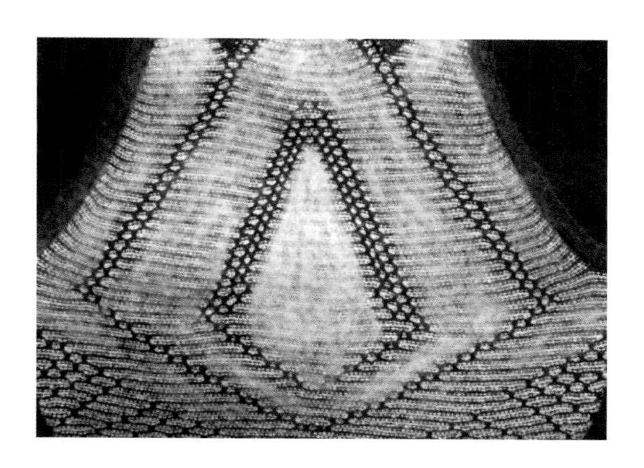

图4-25　将隔绒绣应用于费尔岛针织样片

3. 拉毛工艺

拉毛工艺产生的效果类似针花工艺，即使图案产生朦胧的过渡感。但其实现手法不同，是通过使用具有绒感的毛纤维纱线编织的费尔岛针织图案，在其表面使用钢刷沿一定方向反复刷织物，使其毛纤维被拉长，产生朦胧效果，如图4-26所示。

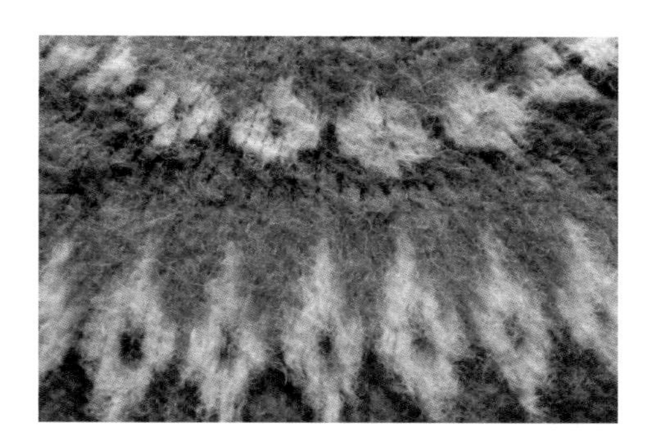

图4-26　拉毛工艺处理的针织织物

4. 缩绒工艺

面料缩绒工艺与费尔岛针织花型组织的结合，即采用纯羊毛纱线编织费尔岛针织品，织物可以采用横条提花或芝麻点提花等密度较大的针织组织，通过缩绒的后整理方式，使织物组织产生毡化效果，如图4-27所示。由于缩绒处理后，针织物的尺寸会比缩绒前小很多，因此在做图案设计时要先将编织图案放大，缩绒后才能最终得到设计要求的图案尺寸。此外，采用缩绒手法处理提花织物时，不同颜色的纱线纤维会产生毡缩混合的现象，如果将色彩明度和色相差异较大的纱线用于编织缩绒提花样片，最终成品的纱线色彩会相互混合，原纱线的色彩明度和饱和度都会降低，形成污浊的效果。

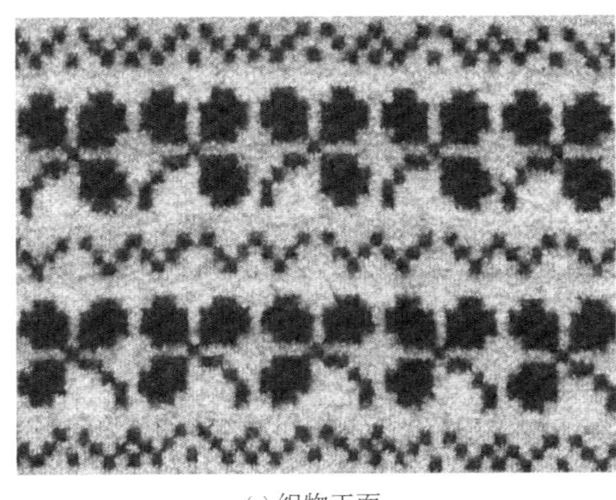

(a) 织物正面

(b) 织物反面

图4-27 缩绒工艺处理的针织织物

5. 绗缝

绗缝是用长针缝制有夹层的纺织物，使里面的棉絮等固定。经过绗缝的面料会随着线迹形成凹凸的肌理效果，并且填充物越厚面料形成的凹凸效果就越明显。绗缝工艺能够通过填充物形成的凹凸感凸显费尔岛针织品图案的轮廓线，使原本规律分布的图案形成高低不同的不规则感，打破没有重点的平均化构图方式，如图4-28所示。

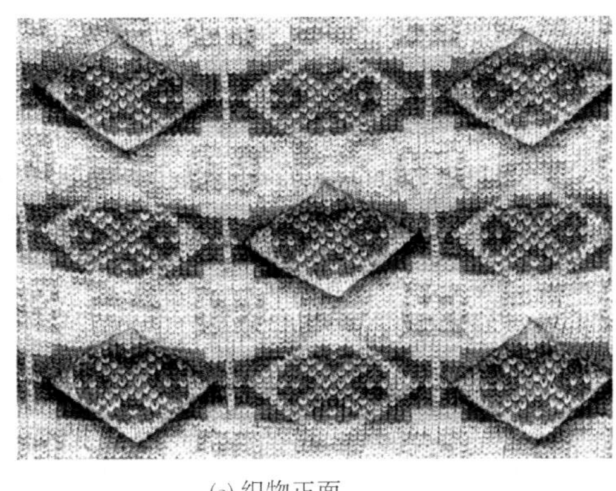

(a) 织物正面

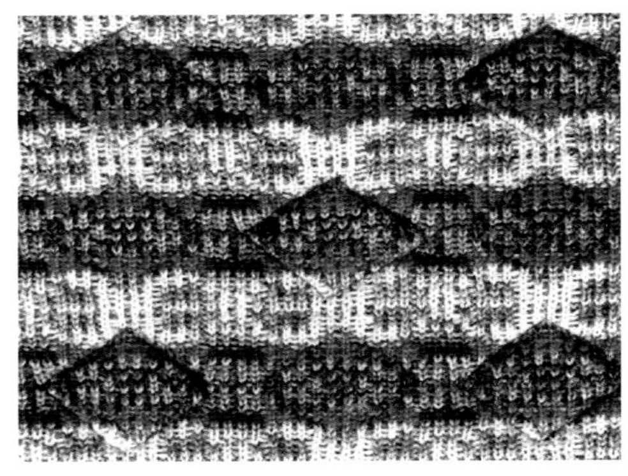

(b) 织物反面

图4-28 经过绗缝的费尔岛针织样片

（采用龙星电脑横机编织制作）

6. 印花

印花是用染料或涂料在织物上形成图案的过程。在2010年的高级成衣发布会上，品牌D&G就曾经将具有北欧风格的针织图案印在轻薄的梭织面料上，与原本厚重的针织面料形成鲜明对比，从而形成全新的视觉效果。在织物上印花的方式多种多样，这里采用数码印花和颜料印花这两种效果迥异的方式与费尔岛针织花型组织相结合。

数码印花是将各种数字化图案输入计算机，再通过电脑分色印花系统处理后，由专用的喷印系统将专用染料直接喷印到各种织物或其他介质上，再经过加工处理，在纺织面料上获得所需的高精度印花产品。借助数码印花的高精度印染效果，可以将费尔岛针织织物通过扫描等手段转化为用于印花的图片，如此就可以在梭织面料上印出针织面料的组织纹路，将针织组织本身作为一种装饰手段，如图4-29所示；或将费尔岛针织图案印在肌理感较强的亚麻面料上，将针织图案与梭织纹理相结合，形成独特的视觉效果，如图4-30所示；也可将经像素化处理后的费尔岛针织图案印在真丝绡上，形成点彩绘画的视觉感，如图4-31所示。

(a) 用于印染的数字化图案

(b) 印有费尔岛针织样片纹理的真丝绡

图4-29　在真丝面料上数码印费尔岛针织图案

（由北京服装学院丰彩工作室印染）

(a) 用于印染的数字化图案

(b) 印有费尔岛针织图案的亚麻面料

图4-30　在亚麻面料上数码印费尔岛针织图案

（由北京服装学院丰彩工作室印染）

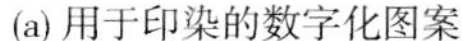

(a) 用于印染的数字化图案

(b) 印有像素化处理的费尔岛针织图案的真丝绡

图4-31 在真丝面料上数码印像素化的费尔岛针织图案

（由北京服装学院丰彩工作室印染）

颜料印花又叫涂料印花，是通过成膜的高分子化合物（黏着剂）的包覆和对纤维的黏着作用来实现纺织品着色。采用颜料印花是基于数码印花不适用的中粗针针织面料，而颜料印花的黏合性可以有效解决针织面料线圈之间存在较大间隙的问题。利用费尔岛针织品色彩横向排布变化的特点，可在彩色的针织夹条织物上印染素色的费尔岛针织图案，以模仿费尔岛针织品中图案为素色、背景为彩色的配色方案。

7. 拼接

拼接是将不同材质、花色的面料以缝合粘贴等多种方式拼合在一起的装饰手法。采用拼接的手法可以使不同材质、花色的面料形成强烈对比的同时相互融合，创造出单一面料所不能及的缤纷效果。将不同图案、配色的费尔岛针织面料以拼接的手法重组拼合，可以形成全新的块面感，也可将不同材质、肌理的面料与费尔岛针织样片拼合，起到装饰和相互衬托的效果。费尔岛针织服装可以借鉴针织裁剪服装的拼合方式将其他材料融合进服装设计中，其中包含与针织圆机面料的搭配、与皮草的搭配、与梭织面料的搭配、与非织造面料的搭配等，都可实现丰富的层次感，其织物外观形态可因拼合方式、拼合面积、拼合比例呈现出多样的效果。

第五节 费尔岛针织织物的创新设计实例

本节从费尔岛针织品的图案、色彩、编织材料及制作工艺几个方面进行创新设计实践，为费尔岛针织品的创新设计提供一定的设计参考。

一 费尔岛针织色彩的设计创新实例

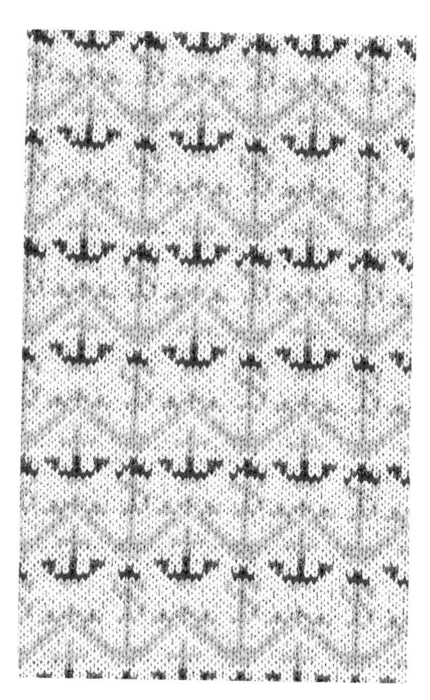

织物正面

基础组合图案

花型组织：芝麻点提花

机械型号：12G

填色图案

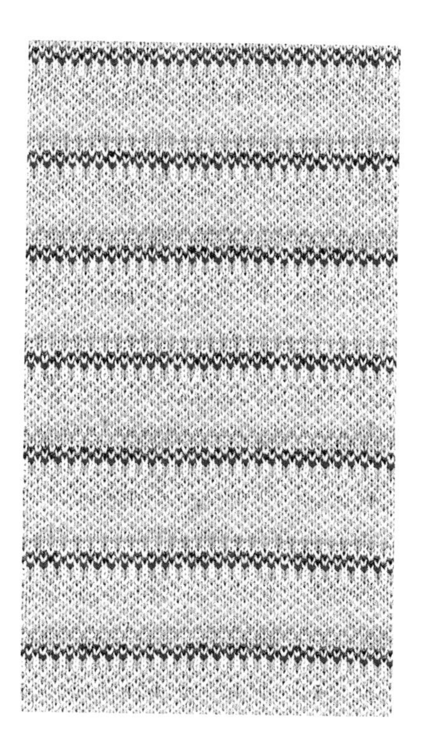

织物反面

图4-32 费尔岛针织织物的创新设计实例（1）

织物正面

基础组合图案

花型组织：有虚线提花

机械型号：12G

填色图案

织物反面

图4-33 费尔岛针织织物的创新设计实例（2）

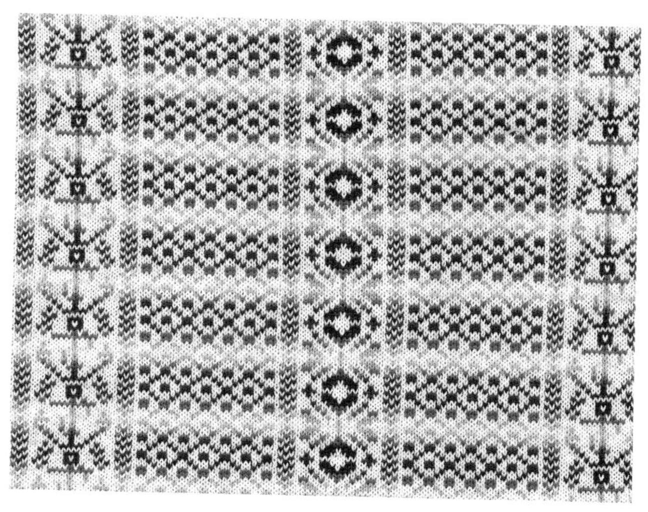

织物正面

基础组合图案

花型组织：空气层提花

机械型号：12G

填色图案

织物反面

图4-34　费尔岛针织织物的创新设计实例（3）

织物正面

基础组合图案

花型组织：有虚线提花

机械型号：12G

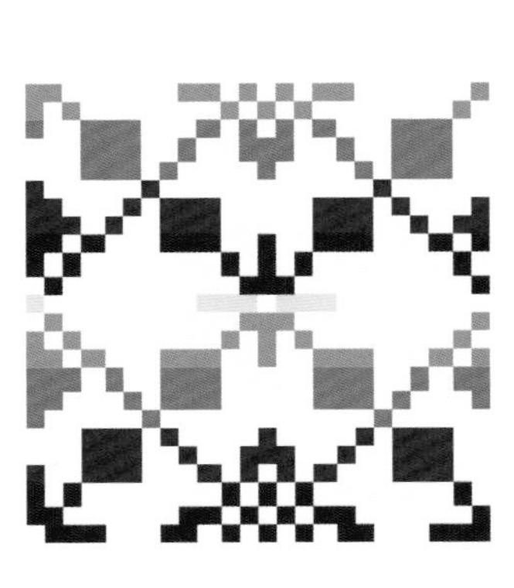

填色图案

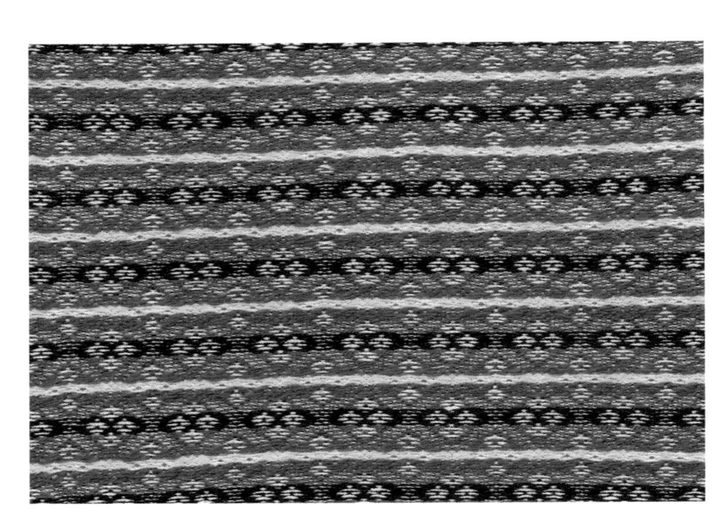

织物反面

图4-35 费尔岛针织织物的创新设计实例（4）

织物正面　　基础组合图案

花型组织：空气层提花

机械型号：12G

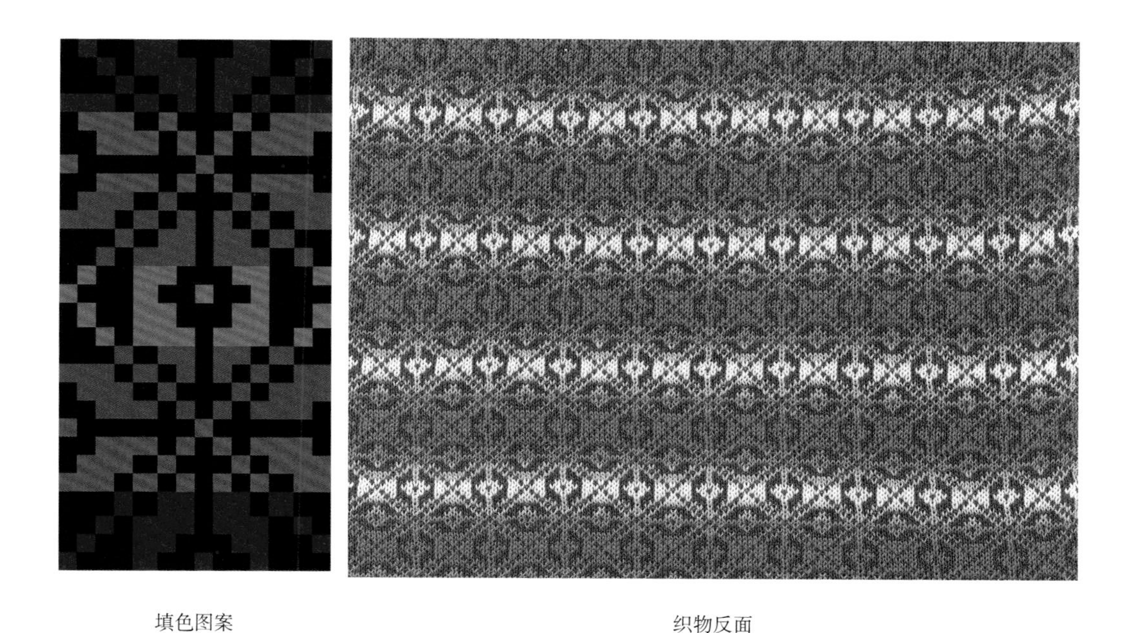

填色图案　　织物反面

图4-36　费尔岛针织织物的创新设计实例（5）

织物正面

基础组合图案

花型组织：空气层提花

机械型号：12G

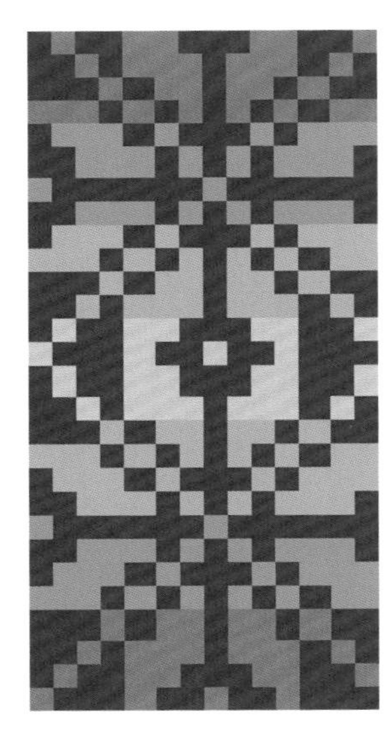

填色图案

织物反面

图4-37 费尔岛针织织物的创新设计实例（6）

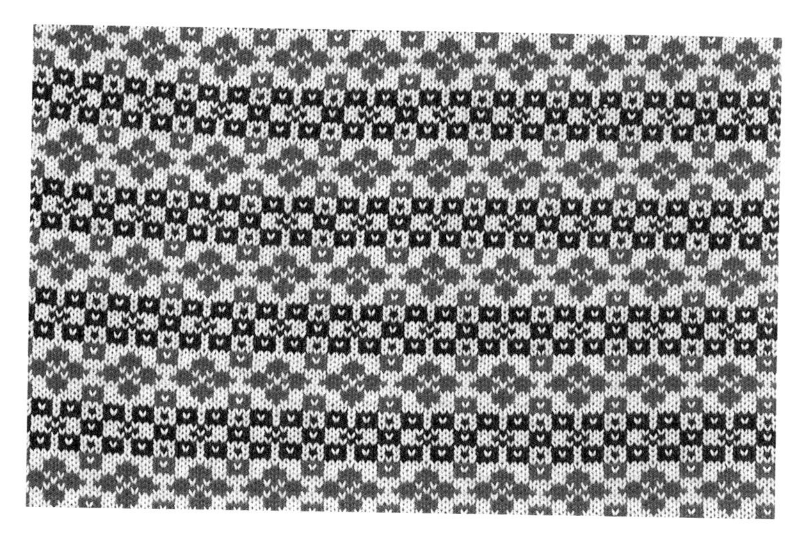

织物正面

基础组合图案

花型组织：有虚线提花

机械型号：12G

填色图案

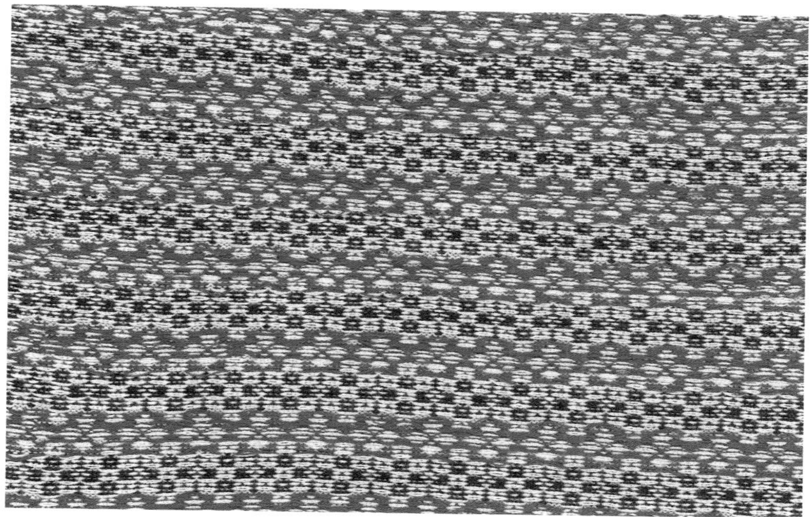

织物反面

图4-38　费尔岛针织织物的创新设计实例（7）

织物正面

基础组合图案

花型组织：芝麻点提花

机械型号：12G

填色图案

织物反面

图4-39 费尔岛针织织物的创新设计实例（8）

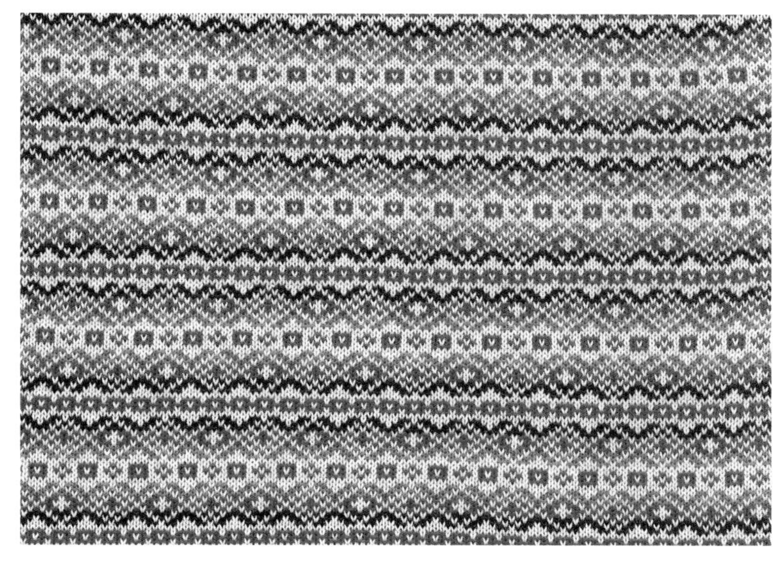

织物正面

基础组合图案

花型组织：有虚线提花

机械型号：12G

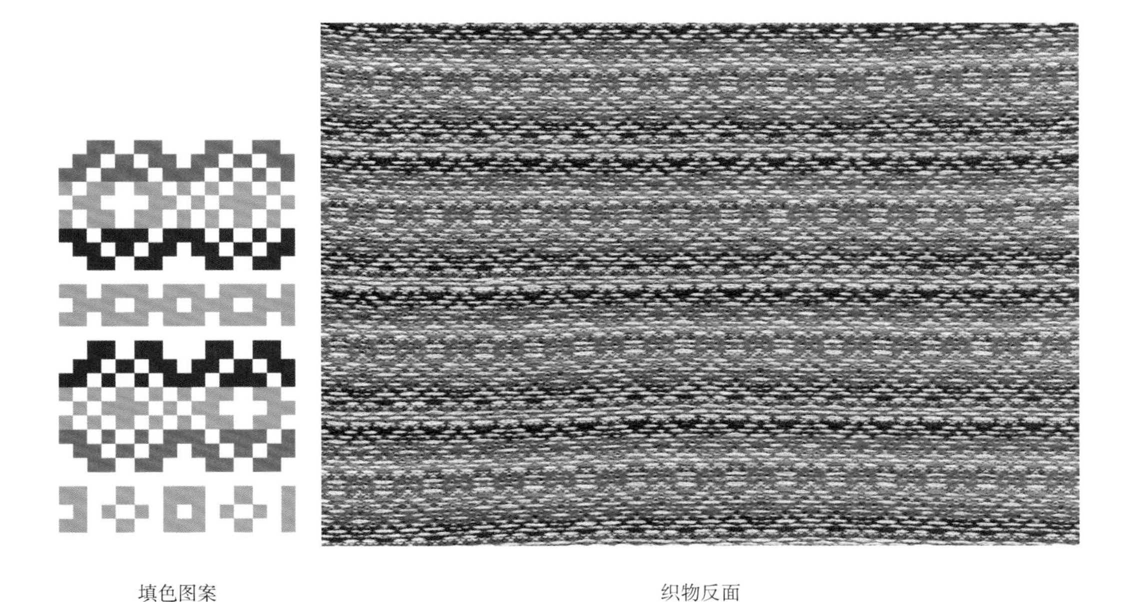

填色图案　　　　织物反面

图4-40　费尔岛针织织物的创新设计实例（9）

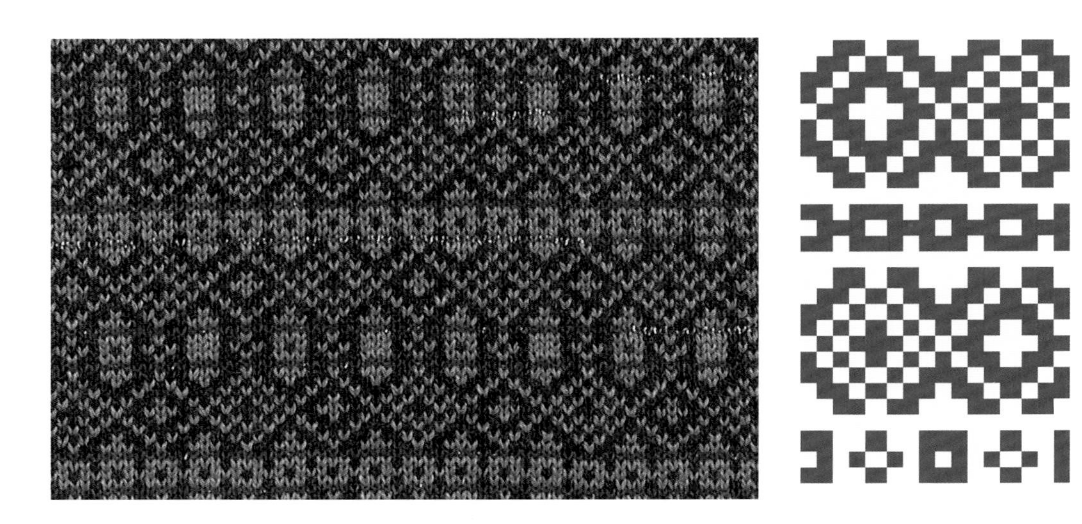

织物正面　　基础组合图案

花型组织：拉网提花

机械型号：12G

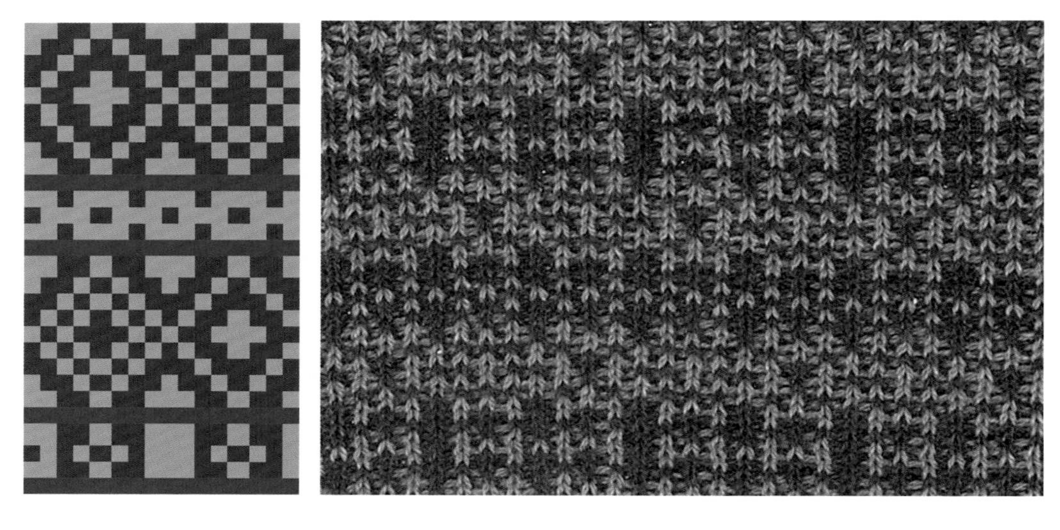

填色图案　　织物反面

图4-41　费尔岛针织织物的创新设计实例（10）

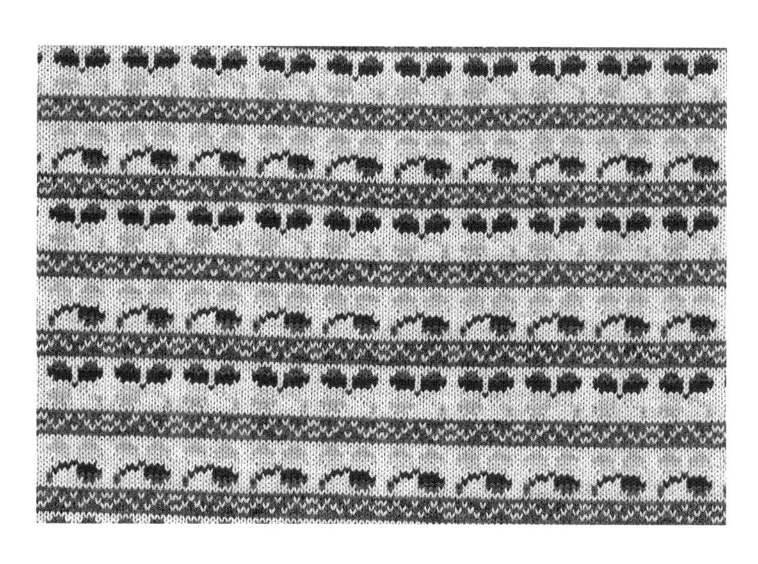

织物正面

基础组合图案

花型组织：拉网提花

机械型号：12G

填色图案

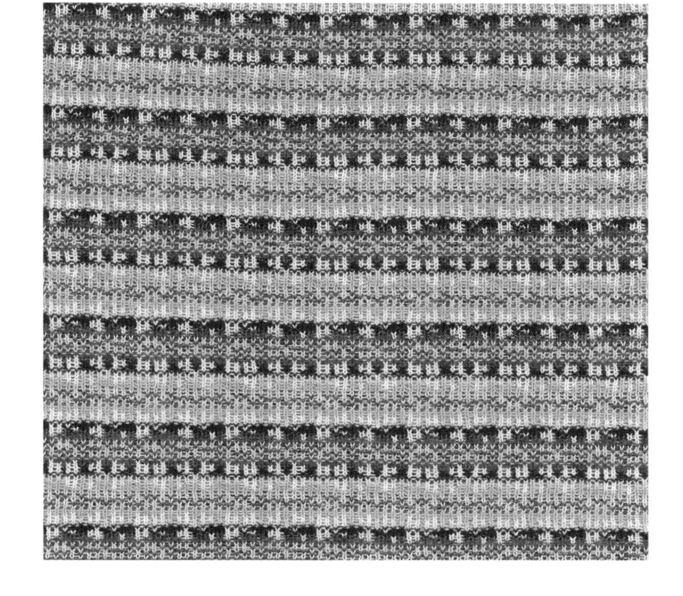

织物反面

图4-42　费尔岛针织织物的创新设计实例（11）

织物正面

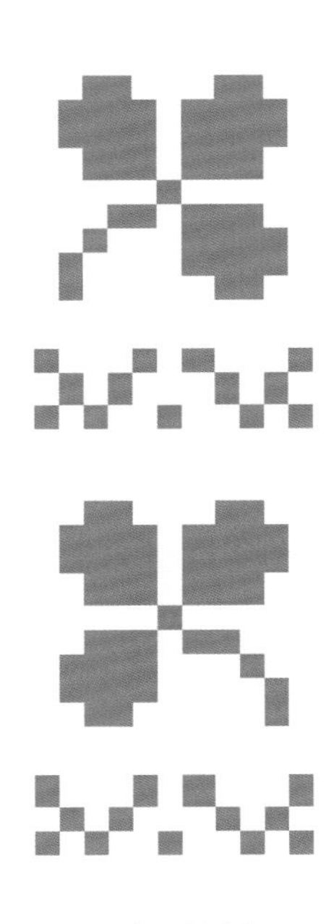

基础组合图案

花型组织：拉网提花

机械型号：12G

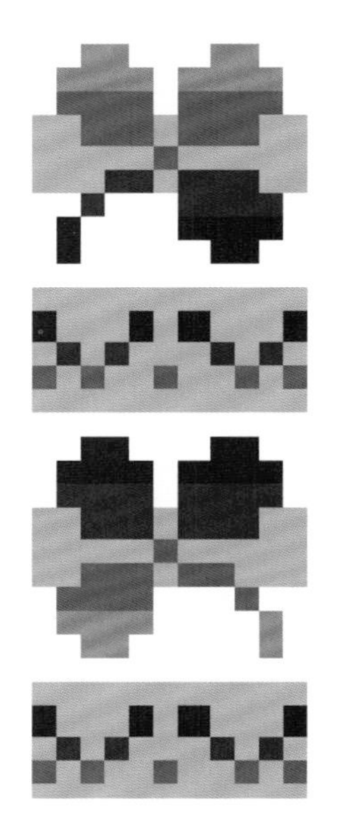

填色图案

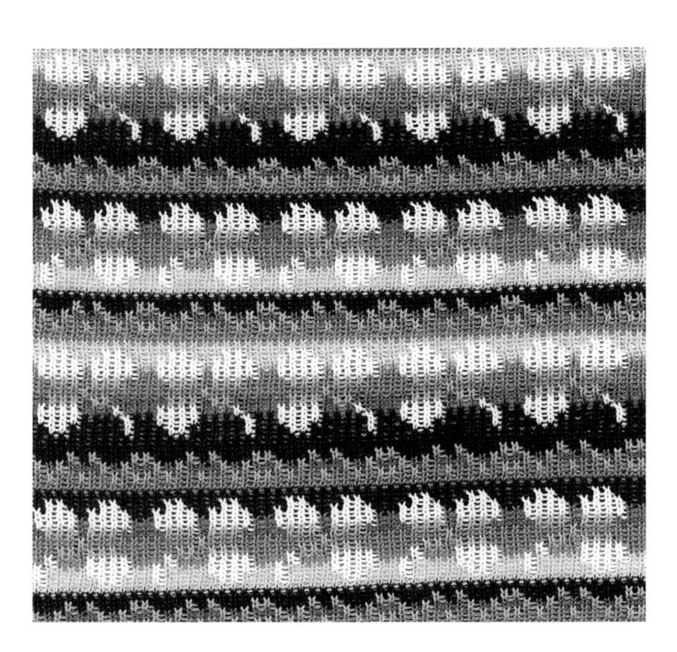

织物反面

图4-43 费尔岛针织织物的创新设计实例（12）

织物正面　　基础组合图案

花型组织：有虚线提花

机械型号：12G

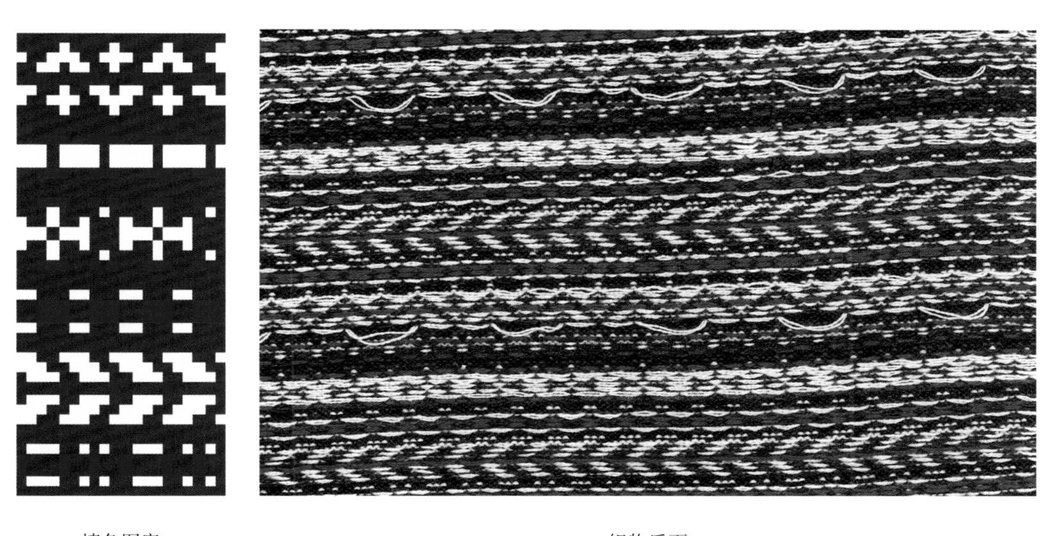

填色图案　　织物反面

图4-44　费尔岛针织织物的创新设计实例（13）

织物正面

基础组合图案

花型组织：芝麻点提花

机械型号：7G

填色图案

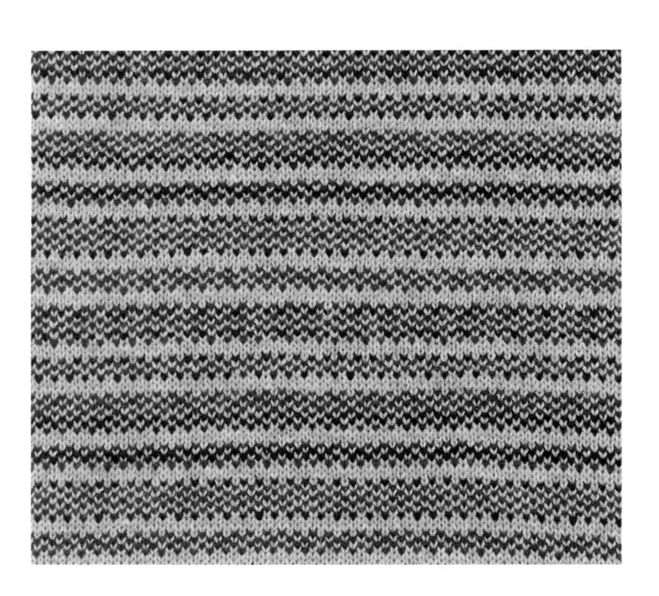

织物反面

图4-45 费尔岛针织织物的创新设计实例（14）

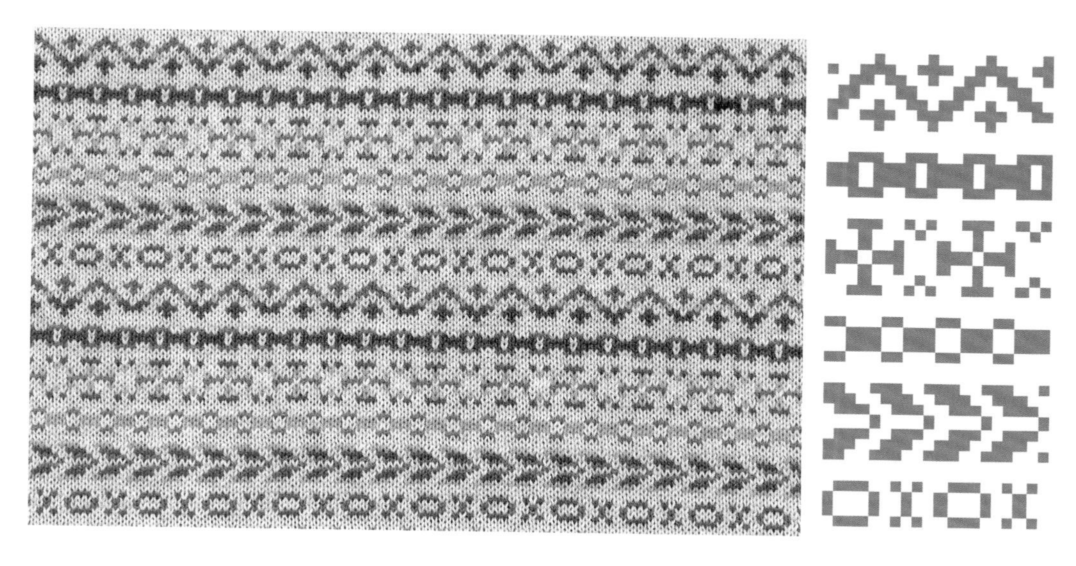

织物正面　　基础组合图案

花型组织：空气层提花

机械型号：12G

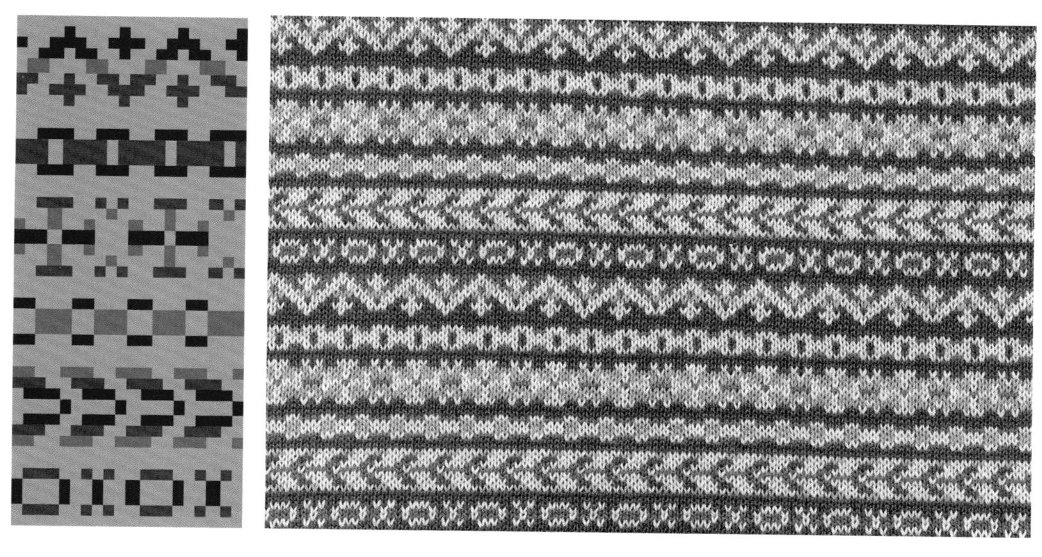

填色图案　　织物反面

图4-46 费尔岛针织织物的创新设计实例（15）

织物正面

基础组合图案

花型组织：拉网提花

机械型号：7G

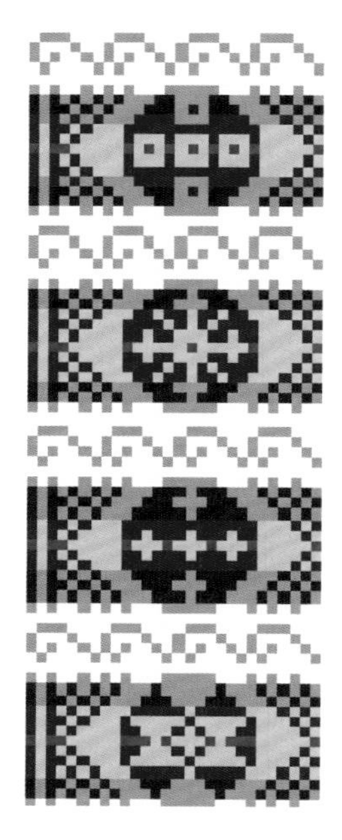

填色图案

织物反面

图4-47 费尔岛针织织物的创新设计实例（16）

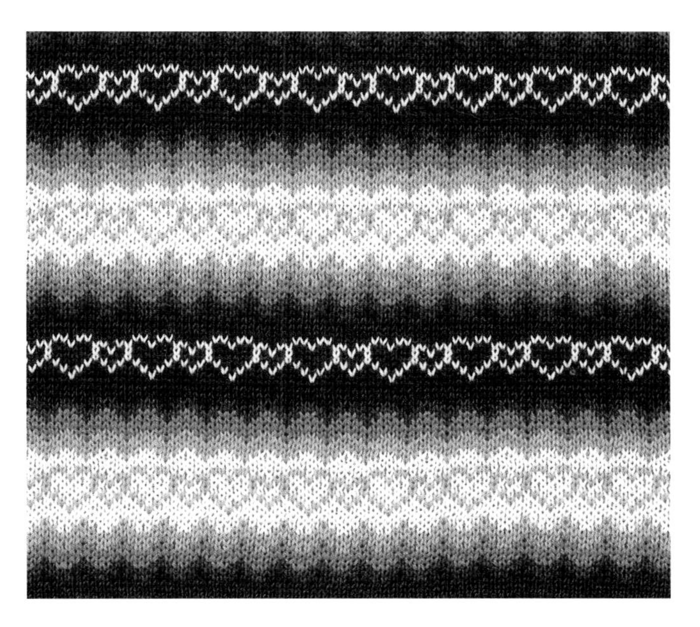

织物正面

基础组合图案

花型组织：芝麻点提花

机械型号：12G

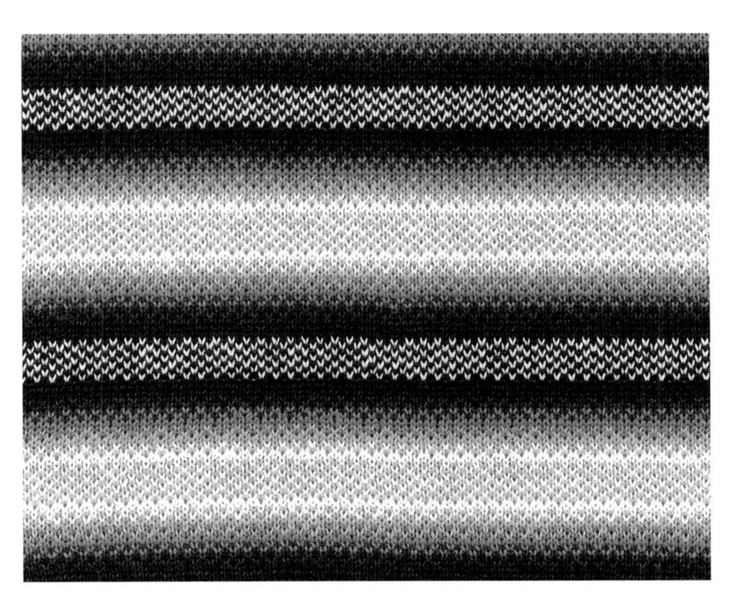

织物反面

图4-48　费尔岛针织织物的创新设计实例（17）

织物正面

基础组合图案

花型组织：芝麻点提花

机械型号：12G

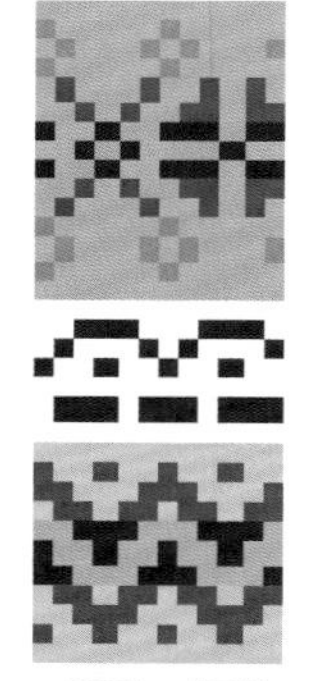

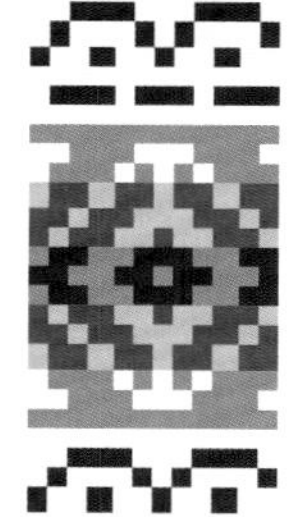

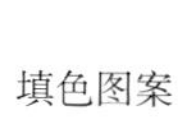

填色图案

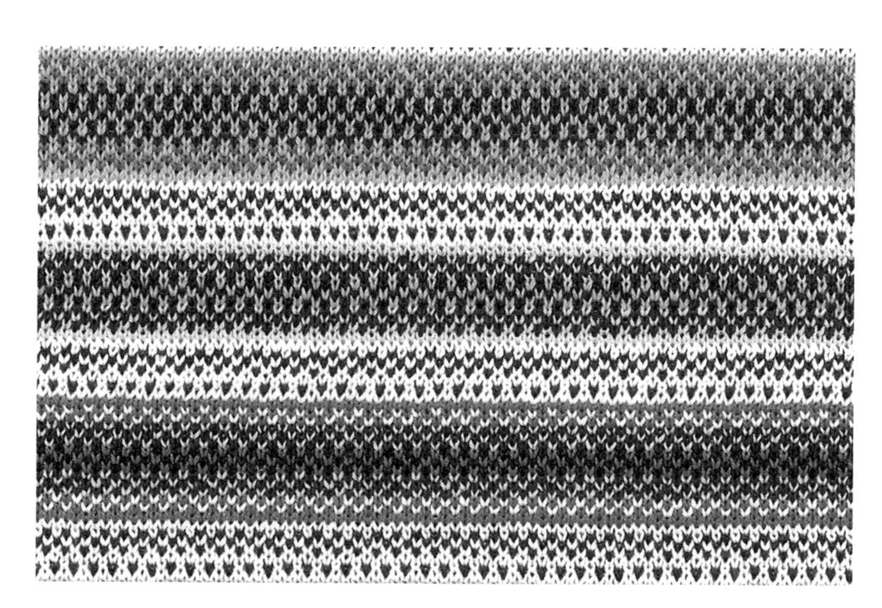

织物反面

图4-49 费尔岛针织织物的创新设计实例（18）

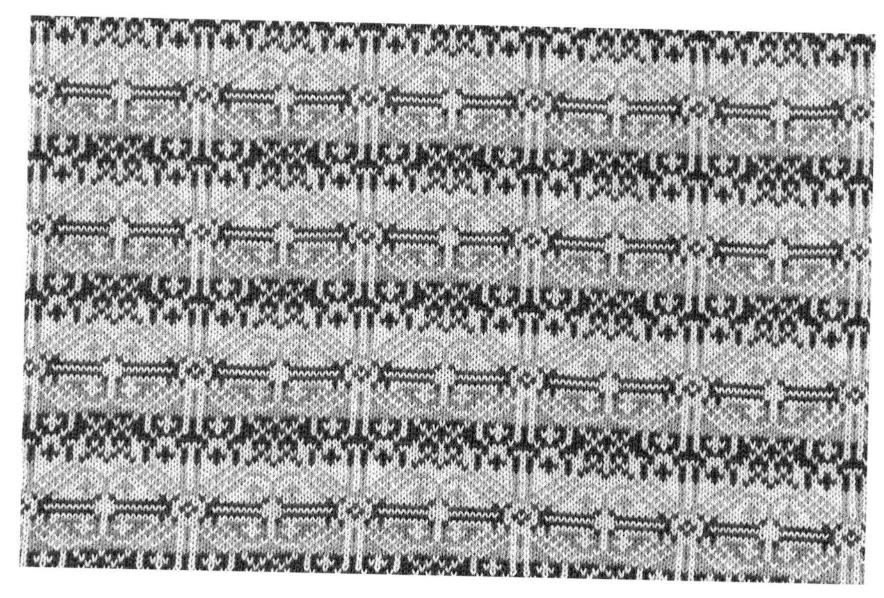

织物正面

基础组合图案

花型组织：空气层提花

机械型号：12G

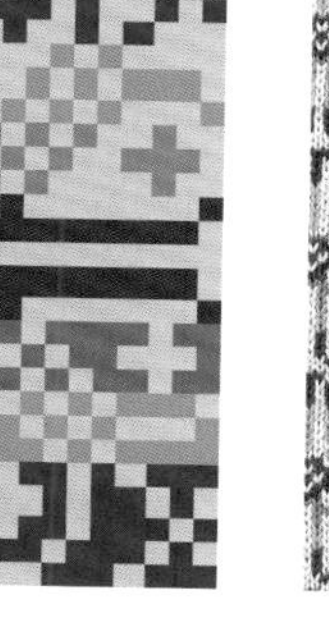

填色图案

织物反面

图4-50　费尔岛针织织物的创新设计实例（19）

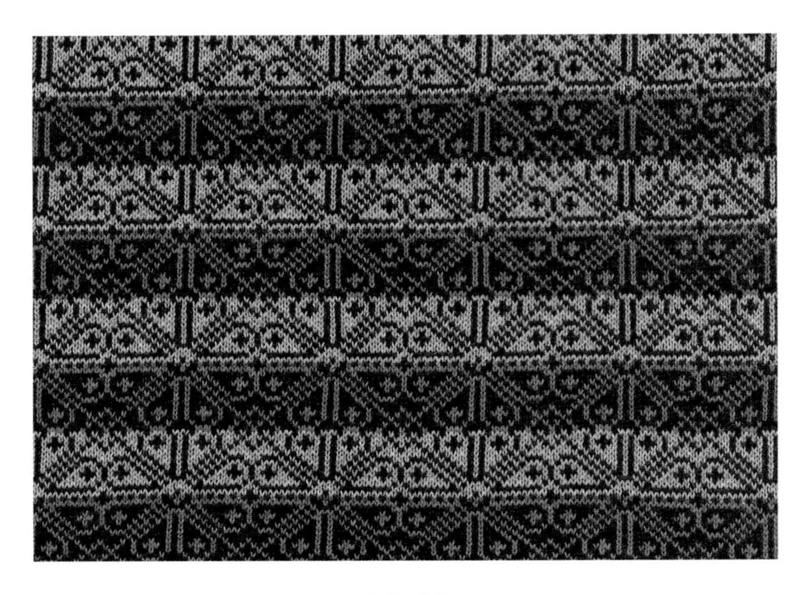

织物正面

基础组合图案

花型组织：芝麻点提花

机械型号：12G

填色图案

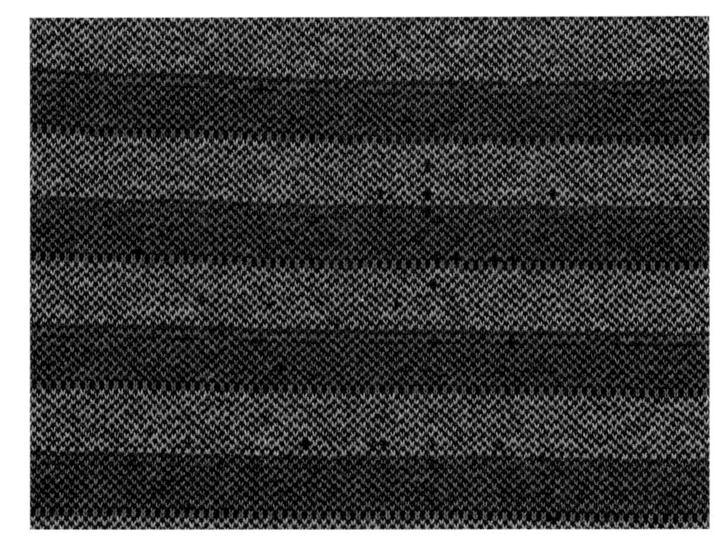

织物反面

图4-51　费尔岛针织织物的创新设计实例（20）

织物正面

基础组合图案

花型组织：芝麻点提花

机械型号：12G

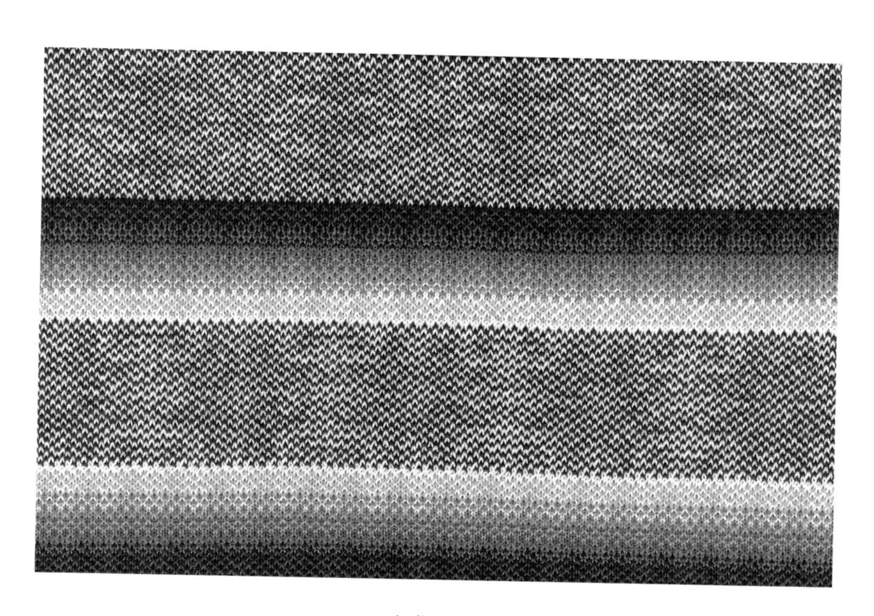

织物反面

图4-52　费尔岛针织织物的创新设计实例（21）

二 费尔岛针织图案的设计创新实例

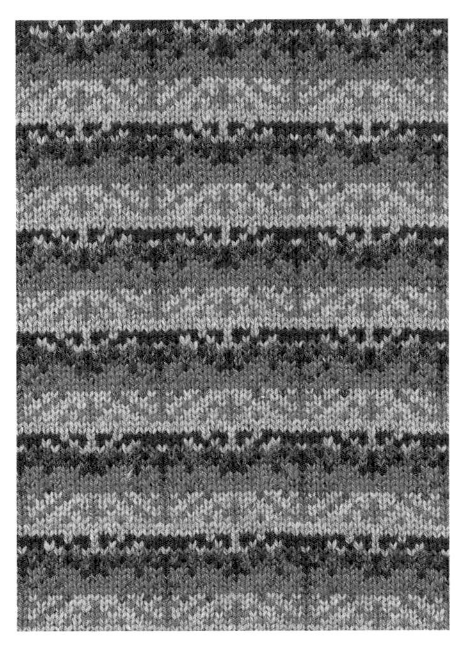

织物正面

基础组合图案

花型组织：拉网提花

机械型号：7G

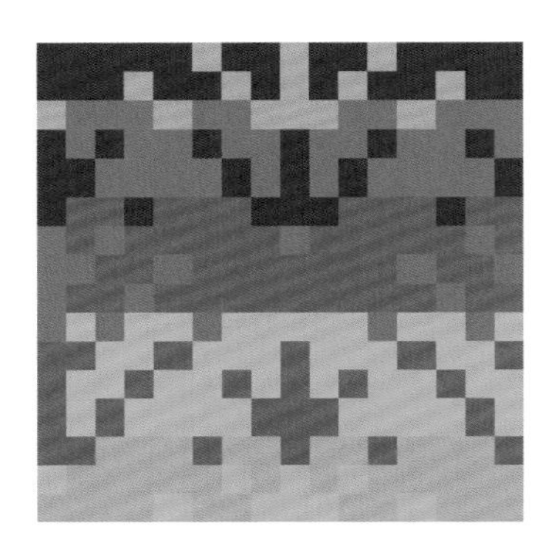

填色图案

织物反面

图4-53 费尔岛针织织物的创新设计实例（22）

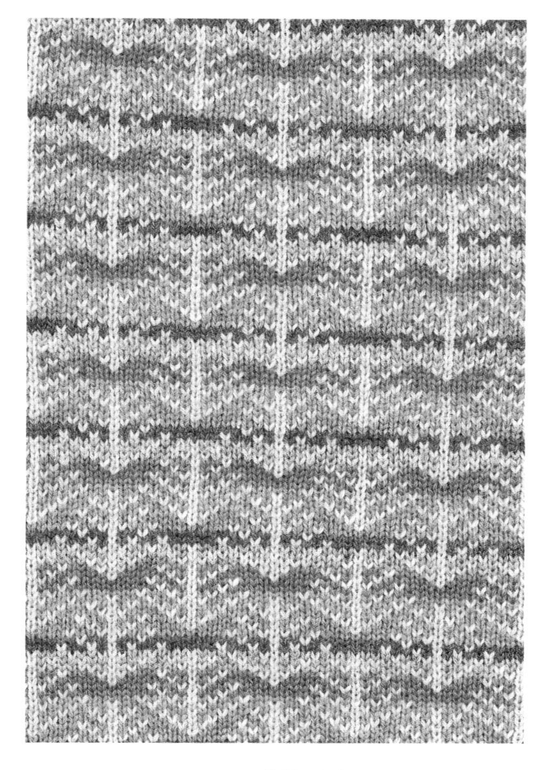

织物正面

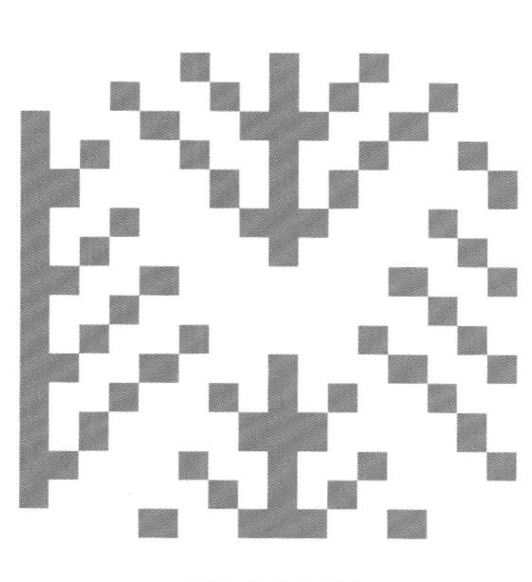

基础组合图案

花型组织：空气层提花

机械型号：7G

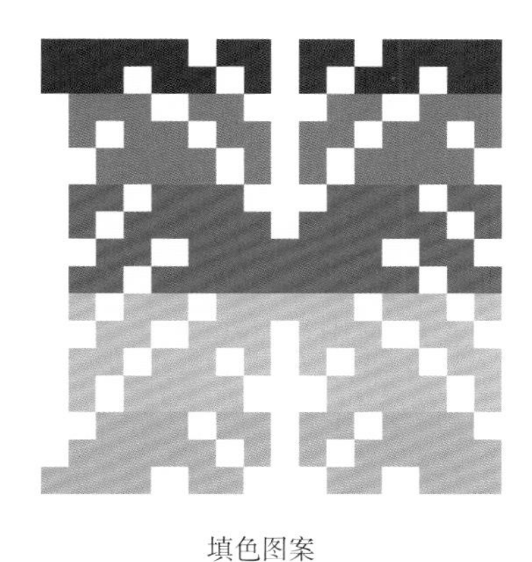

填色图案

织物反面

图4-54　费尔岛针织织物的创新设计实例（23）

织物正面

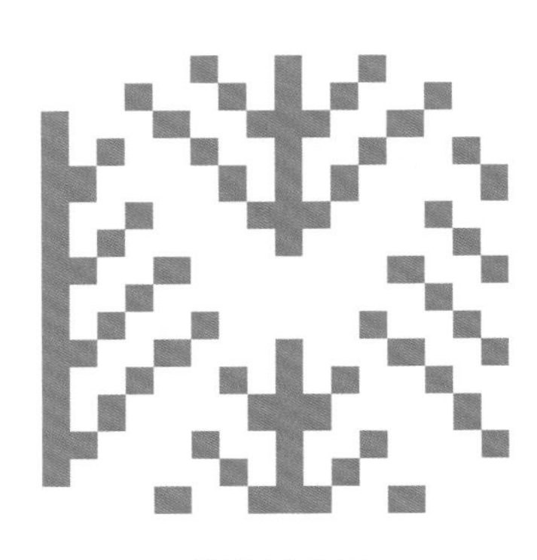

基础组合图案

花型组织：芝麻点提花

机械型号：12G

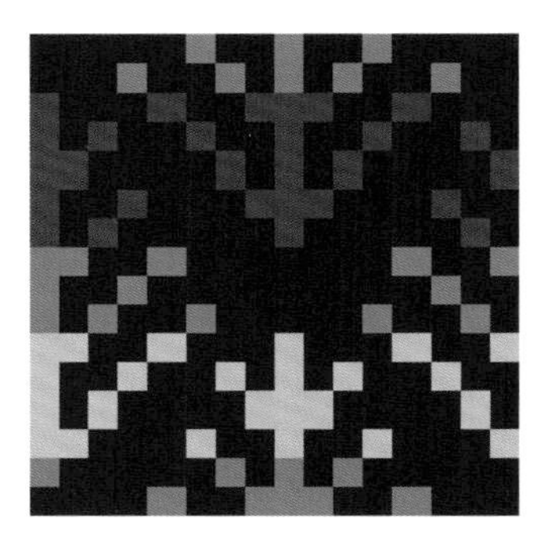

填色图案

织物反面

图4-55 费尔岛针织织物的创新设计实例（24）

织物正面

基础组合图案

花型组织：芝麻点提花

机械型号：7G

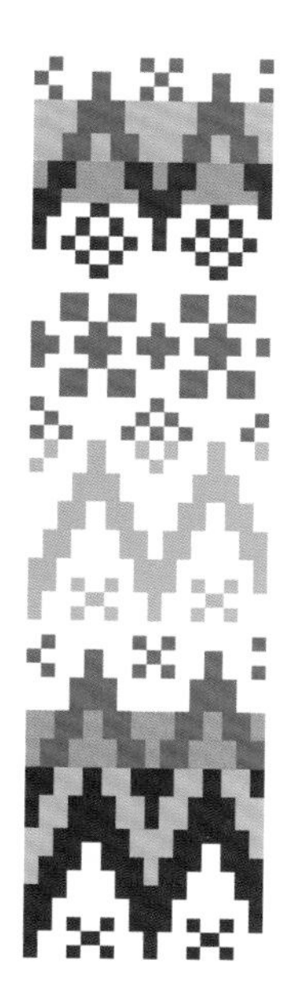

填色图案

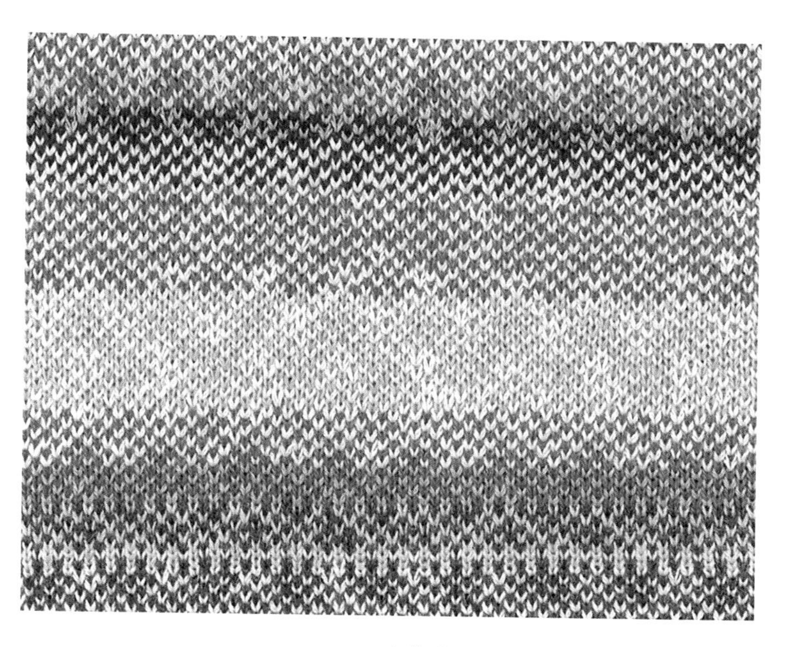

织物反面

图4-56　费尔岛针织织物的创新设计实例（25）

织物正面

基础组合图案

花型组织：空气层提花

机械型号：12G

填色图案

织物反面

图4-57 费尔岛针织织物的创新设计实例（26）

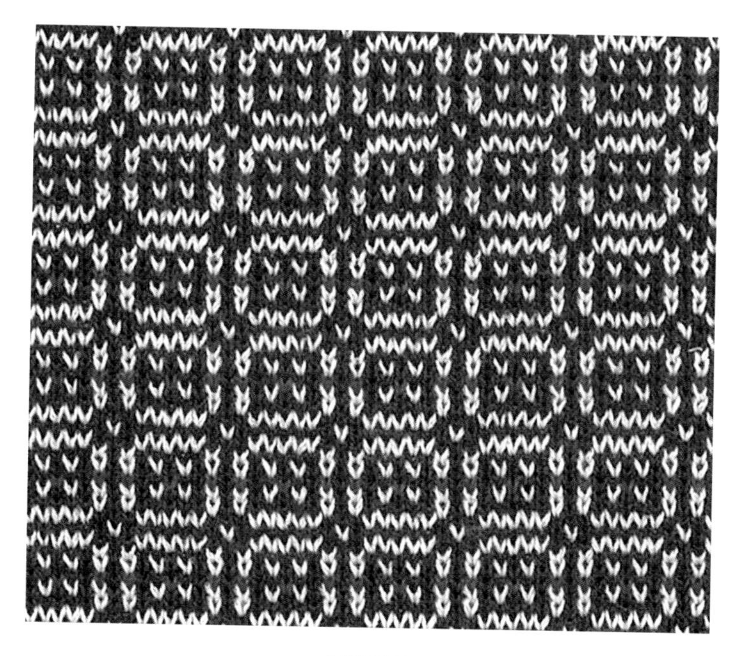

织物正面

基础组合图案

花型组织：芝麻点提花

机械型号：12G

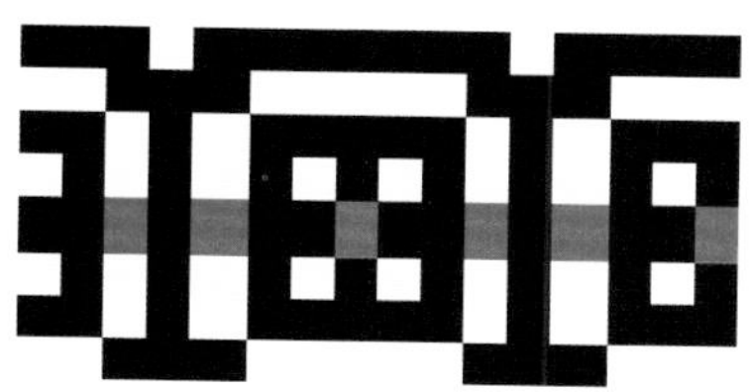

填色图案

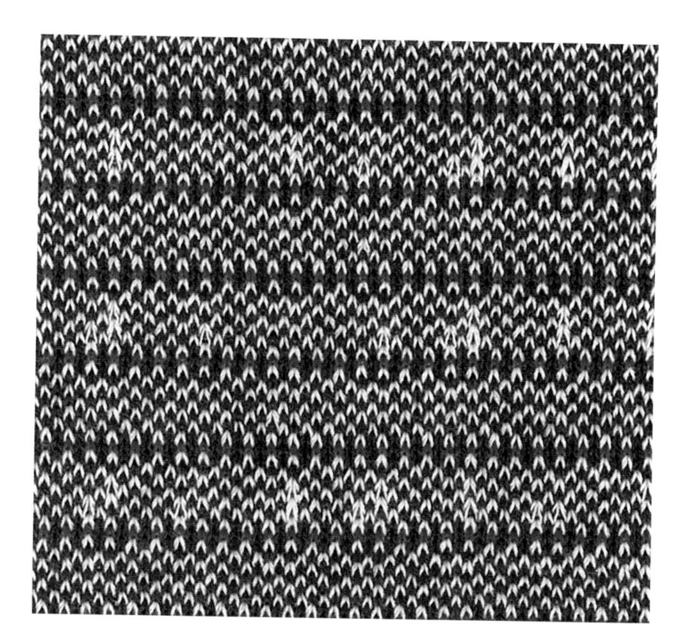

织物反面

图4-58　费尔岛针织织物的创新设计实例（27）

织物正面　　基础组合图案

花型组织：芝麻点提花

机械型号：12G

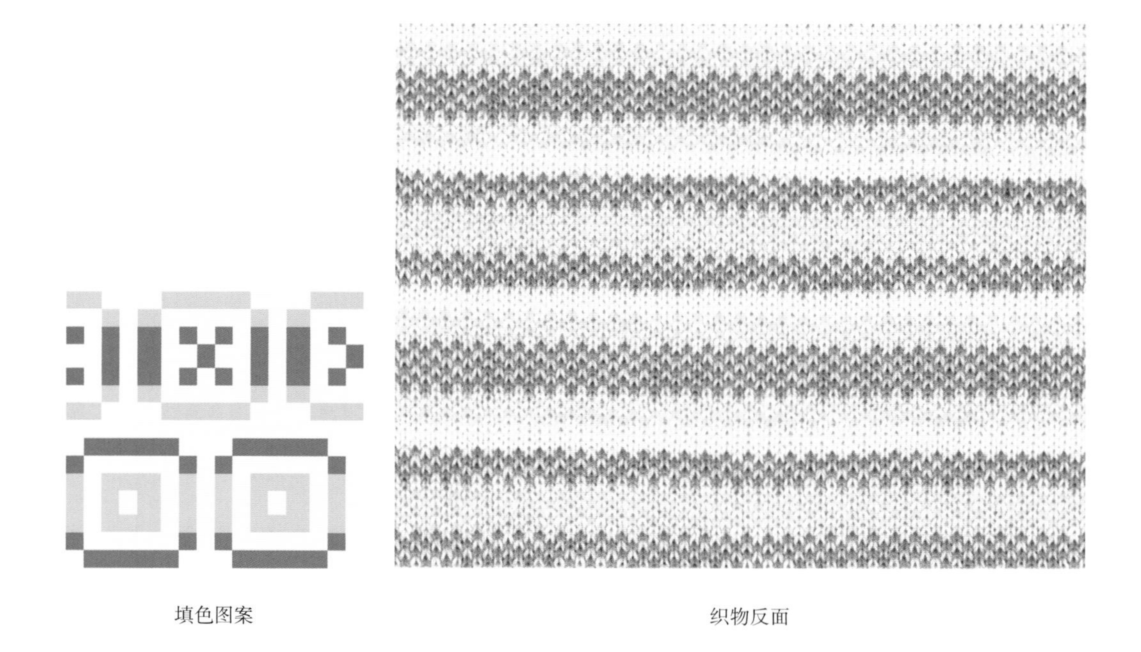

填色图案　　织物反面

图4-59　费尔岛针织织物的创新设计实例（28）

三 费尔岛针织编织材料的创新应用实例

织物正面

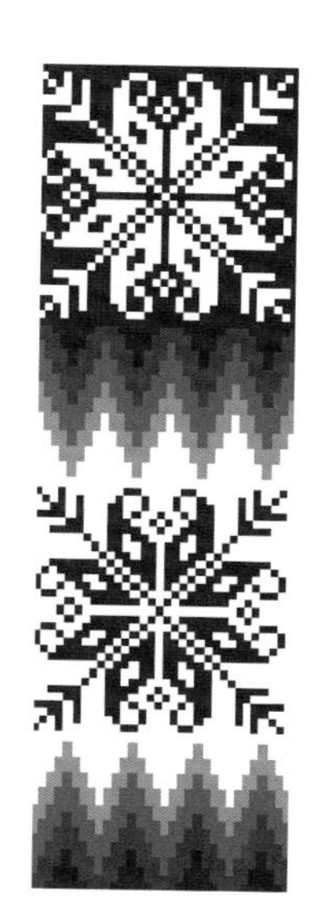

基础组合图案

花型组织：芝麻点提花

机械型号：12G

纱线品类：金银纱、羽毛纱、透明纱

填色图案

织物反面

图4-60 费尔岛针织织物的创新设计实例（29）

织物正面

基础组合图案

花型组织：拉网提花

机械型号：5G

纱线品类：冰岛毛

填色图案

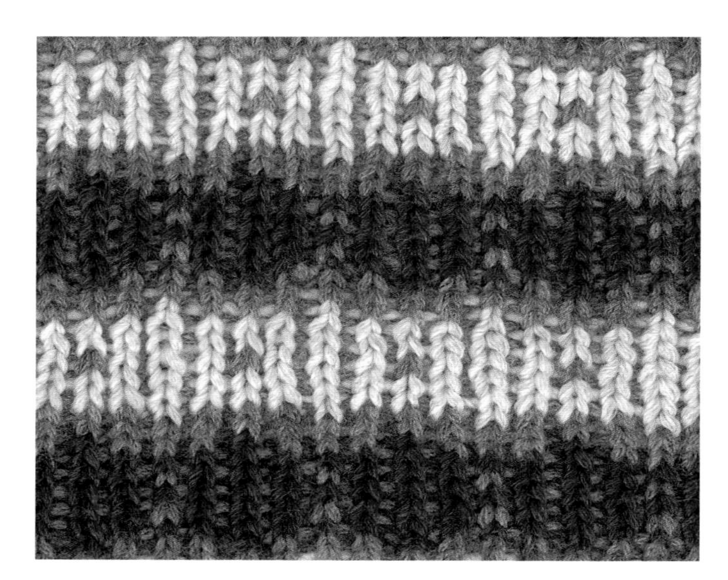

织物反面

图4-61 费尔岛针织织物的创新设计实例（30）

织物正面

基础组合图案

花型组织：空气层提花

机械型号：12G

纱线品类：透明纱、平素纱

填色图案

织物反面

图4-62　费尔岛针织织物的创新设计实例（31）

四 费尔岛针织制作工艺的创新应用实例

织物正面

基础组合图案

花型组织：有虚线提花、阿兰花

机械型号：12G

填色图案

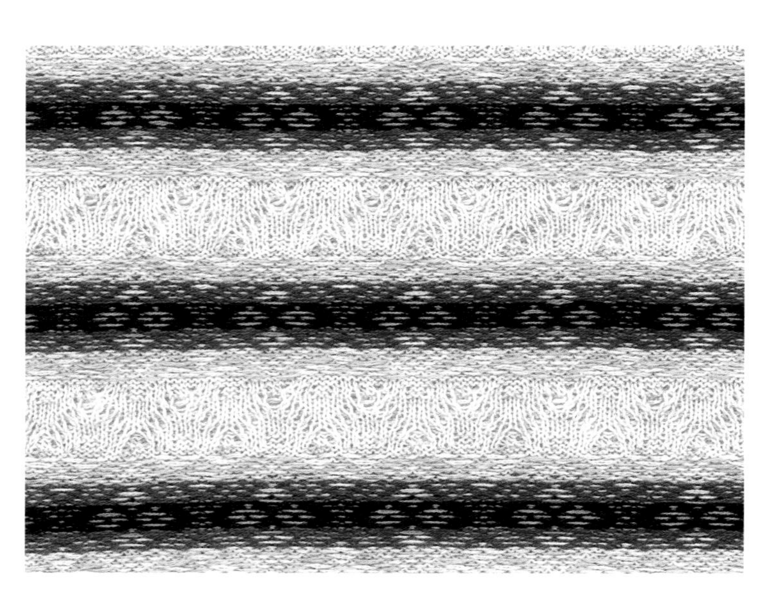

织物反面

图4-63 费尔岛针织织物的创新设计实例（32）

织物正面

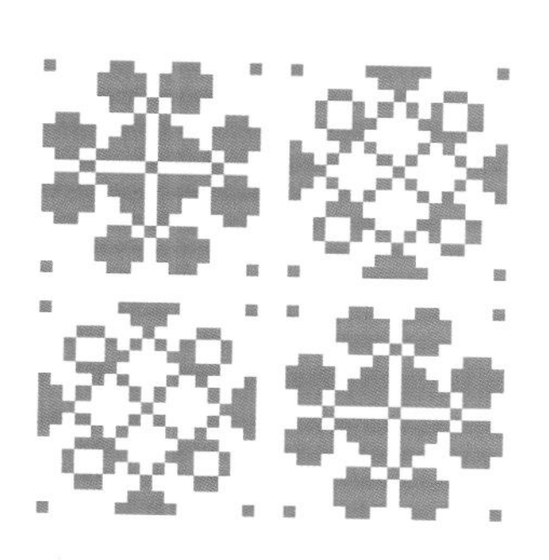

基础组合图案

花型组织：有虚线提花

机械型号：12G

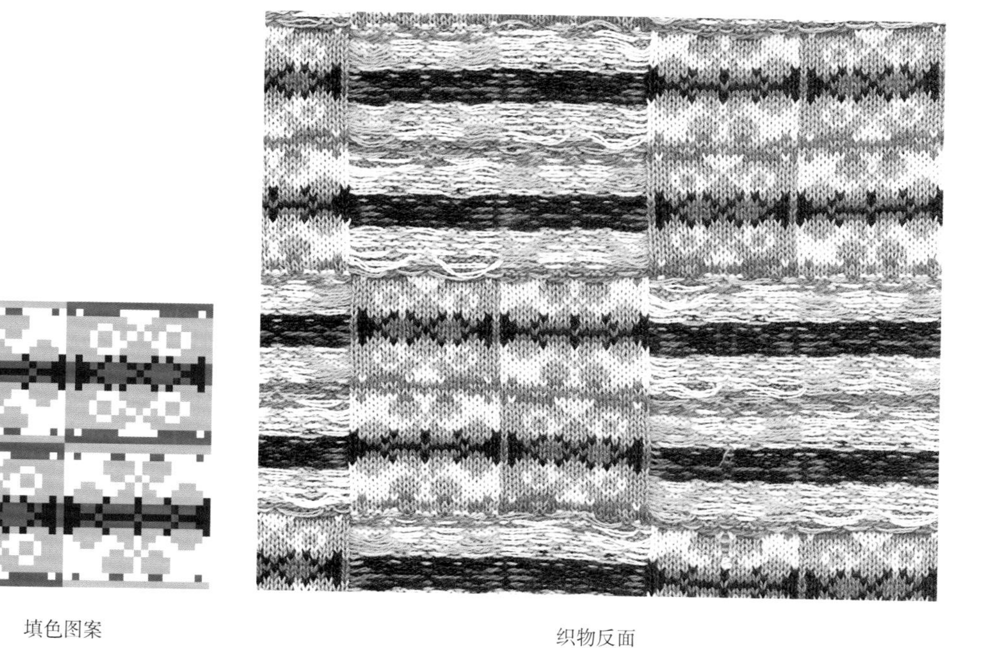

填色图案

织物反面

图4-64　费尔岛针织织物的创新设计实例（33）

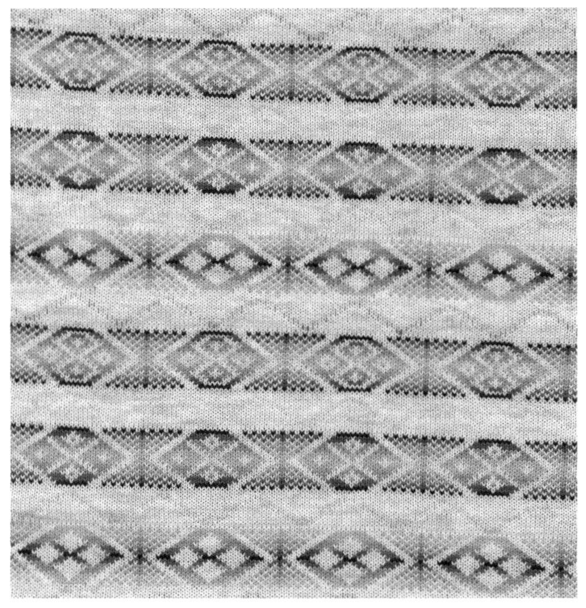

织物正面

基础组合图案

花型组织：有虚线提花、纬平针组织

机械型号：12G

填色图案

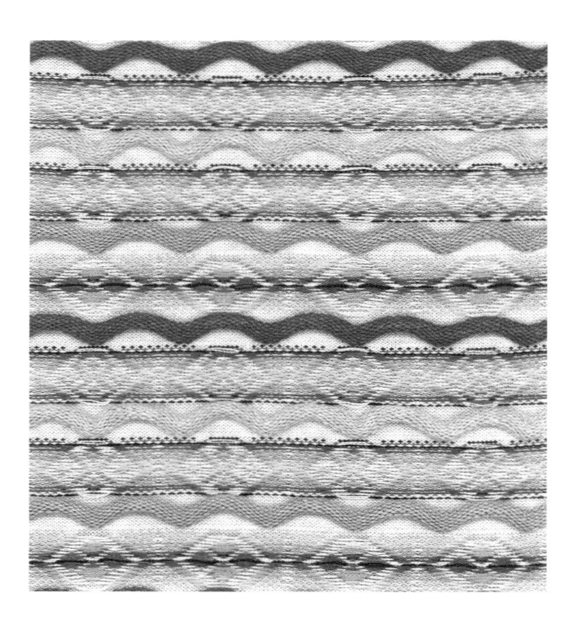

织物反面

图4-65　费尔岛针织织物的创新设计实例（34）

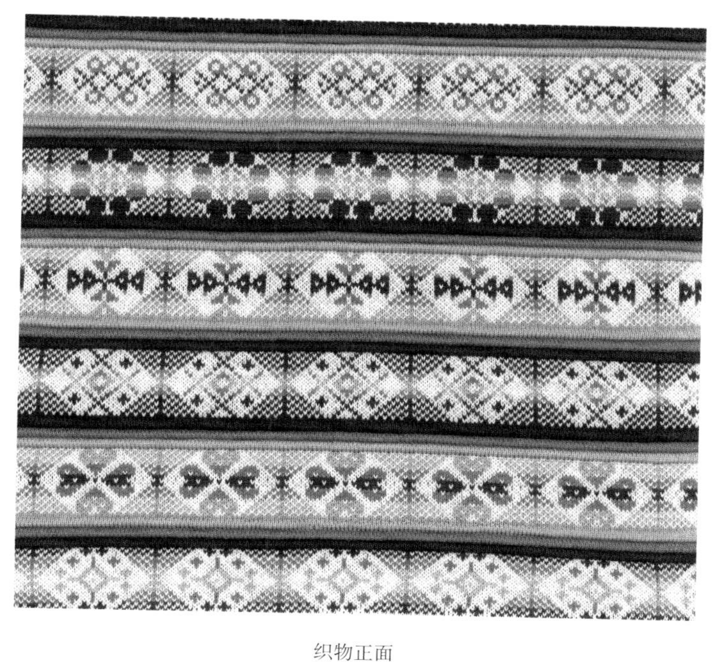

织物正面

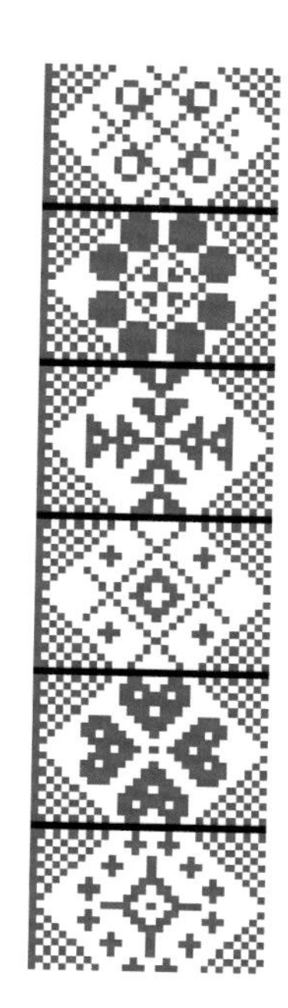

基础组合图案

花型组织：芝麻点提花、凸条组织

机械型号：12G

填色图案

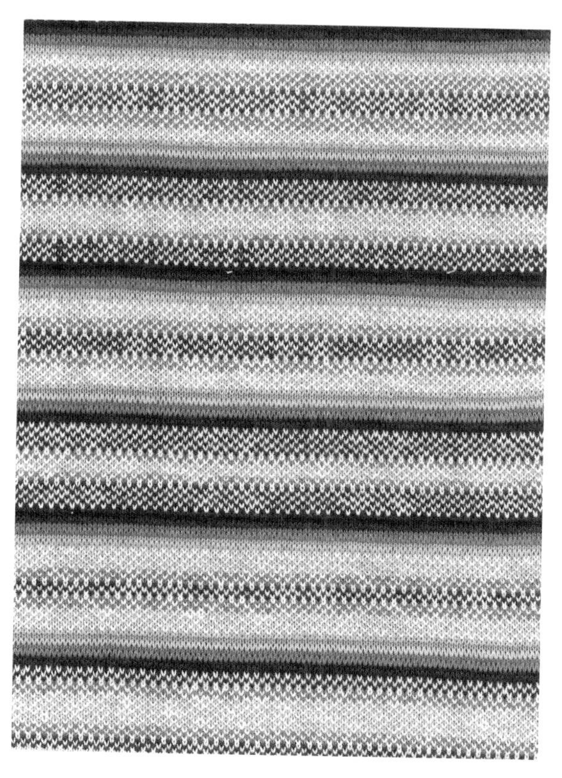

织物反面

图4–66　费尔岛针织织物的创新设计实例（35）

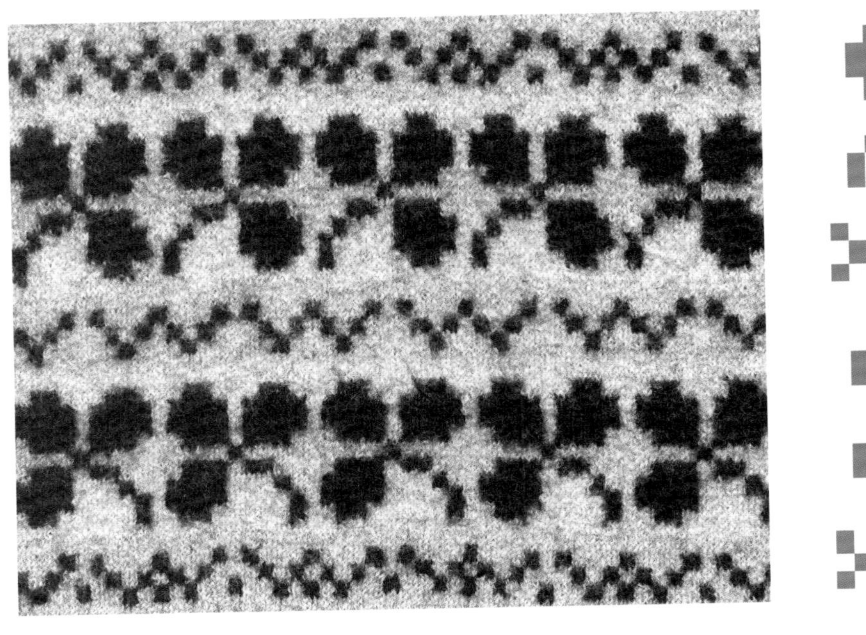

织物正面

基础组合图案

花型组织：芝麻点提花

机械型号：12G

后整理工艺：羊毛缩绒工艺

填色图案

织物反面

图4-67 费尔岛针织织物的创新设计实例（36）

第六节　费尔岛针织服饰的创新设计与应用

一　费尔岛针织设计元素在当今时尚领域的应用案例

时至今日，费尔岛针织元素依旧是各大T台秀场吸引眼球的亮点，无论男装、女装都争相采用这种具有强烈秩序感的装饰性针织图案。在2010年秋冬女装高级成衣的发布会上，意大利品牌D&G、美国品牌Marc Jacobs及Rag & Bone、法国品牌 Paul&Joe、意大利品牌Max Mara等都在其发布的高级成衣中应用了费尔岛针织元素。其中最为突出的是D&G的设计师杜梅尼科·多尔奇（Domenico Dolce）和斯蒂芬诺·嘉班纳（Stefano Gabbana），将巨大的星形图案、几何图案与北欧传统针织相结合，双色搭配，赋予传统费尔岛图案简约的现代气质，将费尔岛图案印制在梭织面料上，使有北欧风格的费尔岛针织元素再次成为当年秋冬服装的流行热点，如图4-68（a）所示。Marc Jacobs采用反面正用的方式，将有浮线的针织图案作为服装正面，产生朦胧柔和的效果，如图4-68（b）所示。Rag&Bone将传统图案简化，以灰色背景衬托白色图案并点缀黄色

(a) D&G　(b) Marc Jacobs　(c) Rag&Bone　(d) Paul&Joe　(e) Max Mara

图4-68　费尔岛针织设计元素在女装中的应用案例

分割线，整体层次简约分明，如图4-68（c）所示。Paul&Joe采用放大比例的图案配以清新的粉蓝色，平添年轻的少女气质，如图4-68（d）所示。Max Mara将传统的费尔岛OXO图案放大变形，以浅金色和黑色相互烘托，彰显奢华大气，如图4-68（e）所示。

在2011年秋冬男装高级成衣的发布会上费尔岛针织元素出现的频率更高，并且在运用手法上也更多样化。意大利品牌Etro以棕色和褐色构成分散分布的费尔岛针织图案，稳重内敛而不失灵活，如图4-69（a）所示。英国品牌Topman将棕色、褐色的费尔岛针织图案装饰在育克、袖口和下摆，大身装饰浅米色浮雕感的阿兰花型，手法运用较为传统，整体给人以闲适的田园感，如图4-69（b）所示。意大利品牌Daniele Alessandrini以黑白灰几何色块配合缆绳图案装饰在服装的育克、袖口和下摆等处，明晰简练，如图4-69（c）所示。比利时品牌Raf Simons将琐碎的费尔岛针织图案以条状重组排列，用白、粉蓝、淡粉和不同深浅的灰色填充图案，干净清新而富于秩序，如图4-69（d）所示。

(a) Etro　(b) Topman　(c) Daniele Alessandrini　(d) Raf Simons

图4-69　费尔岛针织设计元素在男装中的应用案例（1）

法国品牌Kenzo采用拼接的方式将费尔岛针织图案、菱形图案和北欧风格的针织图案拼合在一件传统的V领针织开衫上，传统与现代结合，复古的同时兼具新意，如图4-70（a）所示。日本潮牌Junya Watanabe将传统的费尔岛针织面料通过梭织裁剪的方式制作服装，即针织面料套用梭织服装的廓型款式，是款式与面料的创新结合，如图4-70（b）所示。法国品牌Agnès B用粗绳编织的费尔岛图案装饰服装的门襟和袖子，在强调服装轮廓的同时富于装饰性，如图4-70（c）所示。英国品牌Pringle of Scotland在针织夹克的上臂中段和育克上装饰双色费尔岛针织图案，蓝灰色的图案在肩部形成扩张的视觉效果，突出了肩部的宽阔与厚重感，如图4-70（d）所示。

(a) Kenzo　(b) Junya Watanabe　(c) Agnès B　(d) Pringle of Scotland

图4-70　费尔岛针织设计元素在男装中的应用案例（2）

费尔岛针织元素与不同时代的时尚相结合，运用方式和状态也在不断变化，将历史与传统的深厚感用或夸张或含蓄的方式呈现了出来。图案和色彩成为集中的设计点：以扩大重组图案来打破传统的均衡感，增加视觉冲击，简化图案形成简洁硬朗的视觉感，缩小图案形成琐碎而规律的装饰性；明快的色块独具张力和跳跃感，自然色调柔和而清新，古旧的低明度色沉稳而厚重，在有序与无序并存的美妙绝伦中让人从中感受到色彩的整体感。

二　费尔岛针织服饰的创新设计方法与设计实践

针织服装设计的要素包含纱线设计、织物花型组织设计、服装廓型款式设计、服装工艺版型设计、后整理方式设计等。这几方面在针织服装设计生产环节中都十分重要，彼此之间环环相扣，牵一发而动全身。因此，在讨论费尔岛针织服饰的创新设计方法时，也从上述几个方面展开探讨。

1. 纱线设计

在针织纱线的设计方面通常包含两方面内容：

（1）新型纱线的研发：即从纱线的生产原料和工艺入手，设计市场上未曾出现过的纱线品类。新型纱线的创新又包含功能性创新和外观创新两个方面。功能性创新，如具有防缩功能的羊毛纱线、夜光纱线及水溶纱线等；外观创新，比较具有代表性的是花式纱线，现今许多花式纱线都是随着纺纱原料和技术的发展经过创新设计而产生的，如透明纱、金银纱、羽毛纱等。这些从纱线生产源头进行的创新，为纺织品及服饰的创新设计提供了更加广阔的空间和源源不断的灵感。

（2）纱线应用方式的创新：即采用现今已有的纱线，以全新的搭配和组合方式来编织织物。如将纱线材质、质感、纱线支数差异较大的纱线相组合进行编织，可以形成特殊的视觉效果，例如花式纱线在费尔岛针织品中的设计应用，采用圈圈纱和棉纱进行提花编织，采用透明纱、金银纱、羽毛纱等进行混合提花编织都是比较新的纱线组合应用方式。不同纱线的单一或组合使用都会给服装带来全新的视觉效果，如采用带有闪烁的金属质感的金银纱制作周身提花的费尔岛针织服装，将会打破传统费尔岛针织服装田园自然的视觉感，带来时尚前卫的着装效果。

2. 织物花型组织设计

在针织物花型组织设计方面可分为单一花型组织的设计和多种花型组织组合的应用设计。

（1）单一针织花型组织的设计：指采用一种品类的针织花型组织进行针织服饰的设计，如传统的费尔岛针织服饰制作中基本采用单一的有虚线提花组织制作而成。单一的针织花型组织如果与针织服装款式恰如其分地结合也可以呈现出不同于传统费尔岛服饰风格的效果，如图4-71所示。该服装采用芝麻点提花的方式，将传统的费尔岛提花图案与分体套装的服装款式相结合，营造出复古优雅又不同于传统的效果。

(a) 花型组织的正、反面　　(b) 服装展示（模特：刁晶）

图4-71　单一针织花型组织的设计实践

（2）多种针织花型组织的组合应用设计：即在针织服饰设计过程中，将两种及以上的针织组织相结合应用于设计中。该创新应用在本章第四节“费尔岛针织品制作工艺的创新应用”中已经做出多种尝试，如阿兰花型组织与提花组织的结合、凸条组织与提花组织的结合、纬平针组织与提花组织的结合等，不同的组合方式都能够使传统针织组织的外观和层次更加丰富。在针织花型组织与服装款式相结合的具体应用上，设计时要注意不同组织的比例关系，以及不同组织所处的部位是否能够体现服装的舒适性及审美需求。如图4-72所示，该服装是同时采用了添纱组织、有虚线提花组织和纬平针组织设计制作而成，由于其在借助纬平针组织正反面结构变化的同时采用了添纱手法，使得传统费尔岛针织的山巅图案在变换图案色彩的同时形成菱形的浮雕感，丰富了服装层次；而前胸和裙摆处的条状小面积有虚线提花图案又起到了很好的装饰效果。

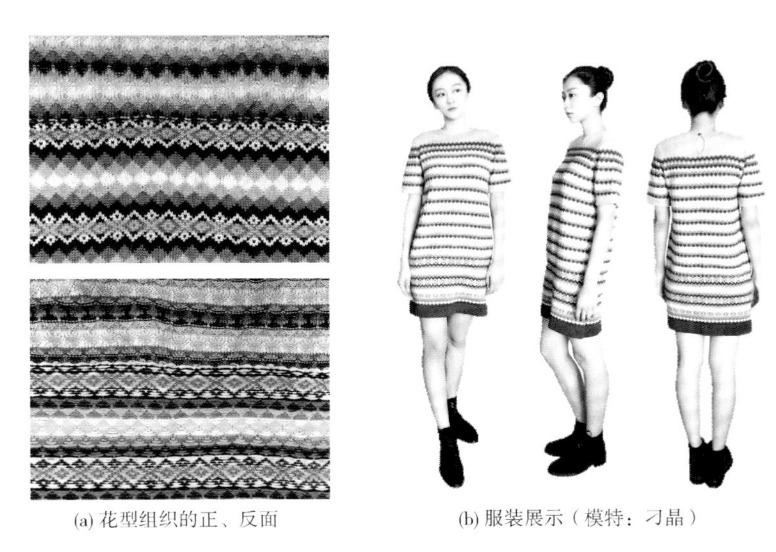

(a) 花型组织的正、反面　　(b) 服装展示（模特：刁晶）

图4-72　多种针织花型组织组合的设计实践

3. 服装图案设计

在针织服装的设计要素中，图案设计可以包含在花型组织设计中，但由于费尔岛针织服装是以图案设计作为核心表达方式的针织品，因此这里将图案设计单独列出分析。费尔岛针织品的图案设计可以分为两方面：费尔岛针织图案自身的设计和费尔岛针织图案的应用手法设计。

（1）费尔岛针织图案自身的设计：可以通过图案题材、图案排列组合等方式进行创新设计，这部分内容在本章第一节“费尔岛针织品图案的创新设计”中已有详细的分析，这里不再赘述。

（2）费尔岛针织图案的应用手法设计：结合具体的服饰可以分为周身应用和局部应用两种。在传统的费尔岛针织服装中周身提花是最为常见的图案应用手法。由于提花图案遍布全身，在制作服装前、后片及袖子时，要保证前、后衣身的图案能够相互连接，袖子和衣身的图案可以相互连接。在局部应用图案时，手法更多样，一是可以将图案应用于服装的附件，如服装的大身为素色针织组织，仅仅将费尔岛提花图案应用于衣领或门襟上，或是应用于口袋、下摆边缘或袖口边缘等。二是可以将图案与服装结构结合，采用素色与图案结合的方式，形成假两件的服装效果。如图4-73（a）所示，毛衣的衣身部分有费尔岛提花图案，而毛衣的领口及袖子等其他部分为素色，形成类似V领马甲的假两件效果；或者仅采用费尔岛图案作为衣身上的马甲轮廓线，形成装饰效果，如图4–73（b）所示。三是将多种提花图案与色块结合，有序地排布在服装上形成丰富的装饰效果，如图4–74所示，应用时注意不同图案间的协调性以及色块与图案之间的比例关系。

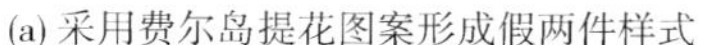

(a) 采用费尔岛提花图案形成假两件样式　(b) 采用费尔岛提花图案做服装结构分割线

图4–73　图案与服装结构结合的设计实践

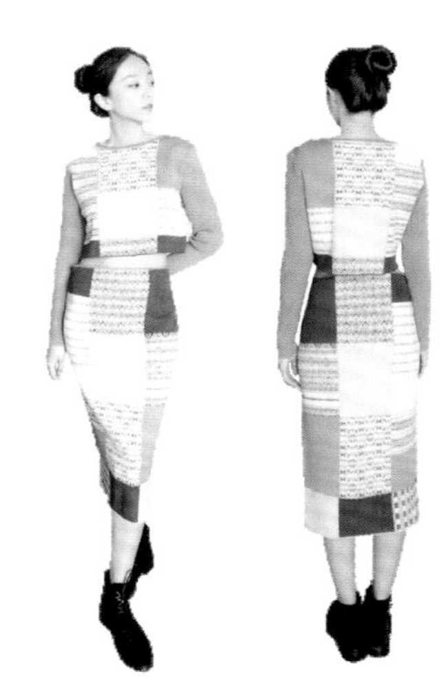

(a) 花型组织的正、反面　(b) 服装展示（模特：刁晶）

图4–74　多种提花图案与色块结合的设计实践

4. 服装廓型款式设计

针织服装在廓型款式设计方面，尤其是现当代的针织成形服装设计，除了保有针织服装特有的合体型款式设计外，几乎可以制作出现今已有的各种梭织服装的款式廓型，其区别仅在于使用面料的质感不同。当制作相同款式的服装时，采用挺括的梭织面料制作的服装，外形呈直线型轮廓，而采用针织成形服装工艺制作的服装，外形呈流线型轮廓，这使针织服装能够呈现出有别于梭织服装的特有外观与风格。

在廓型款式的工艺实现方面，针织成形服装的制作过程中没有裁剪这一流程，而是采用工艺计算的手法，通过加减针的变化以及局部编织等工艺手法，塑造针织服装的廓型，如图4–75所示。连衣裙的衣身及袖子部分采用加减针工艺来实现，裙摆部分采用局部编织工艺，使裙摆上缘窄下缘宽，与衣身缝合后形成褶裥。

(a) 局部编织的裙摆织片

(b) 花型组织的正、反面

(c) 服装展示（模特：刁晶）

图4–75　采用加减针及局部编织工艺塑造服装廓型

针织成形服装的结构线设计不同于梭织服装，梭织服装的结构线是与其款式结构紧密相关的，而针织服装除去前、后片与袖片缝合时会产生大身侧缝线、袖窿接缝线及袖底缝线以外，几乎没有其他结构线。而现今最新的全成形针织编织技术，可将针织服装所有的接缝线省去，形成一根纱线编织一整件服装的无缝效果。因此，针织服装没有类似于梭织服装的省道，在大多数情况下，只是模仿梭织服装结构线的装饰效果。在实际运用中，我们会看到在针织服装中，通过针织组织的变化或纱线颜色的变化可以形成类似公主线或刀背缝等的结构线，但这些结构线不起塑形作用，只起到装饰效果，如图4–76所示。当结构设计与传统费尔岛针织元素结合时，也可以采用提花图案与素色结合的手法，在视觉上形成结构分割效果。这一手法在20世纪40年代的费尔岛针织女装中运用较多，可参见第二章第三节“20世纪的费尔岛针织品”中有关20世纪40年代费尔岛针织服装革新的论述。

(a) 变换针织组织形成服装结构线
(Rebecca Taylor 2014 s/s)

(b) 变换纱线色彩形成服装结构线
(Marni 2014 s/s)

图4-76 模仿梭织服装结构线的针织服装

5. 服装工艺版型设计

针织成形服装的工艺版型设计与服装款式廓型是密切相关的，在具体实践中分为三个部分，即服装尺寸、工艺计算、编织制作。服装尺寸的设计可以根据服装款式的具体特点，分为常规款型和异型。通常常规款型可以根据人体测量和针织服装常用数据计算出，而异型则需要通过立体裁剪的方式将立体结构转换为平面结构，从而进行编织制作。在传统的费尔岛针织服装中，基本以合体款型为主，通过立体裁剪的方式塑造的宽松款型或异型服装也可以应用于费尔岛服装的设计与制作。

6. 后整理方式设计

针织成形服装的后整理设计手法种类繁多，包括染色、钉珠、印花、刺绣、针花、缩绒等，并且很多手法与梭织服装有交叉。这部分内容在本章第四节中“费尔岛针织品设计元素与非针织工艺结合的设计创新”部分有详细的阐述，这里对具体工艺手法不再赘述。在后整理方式设计方面值得注意的是，不同的后整理手法需要与适当的针织花型组织相结合才能达到良好的效果。

参考文献

[1] FEITELSON Ann. The Art of Fair Isle Knitting: History, Technique, Color & Patterns [M]. UK: Interweave Press, 2009.

[2] STARMORE Alice. Alice Starmore's Book of Fair Isle Knitting [M].US: Dover Publications, 2009.

[3] MCGREGOR Sheila. Traditional Fair Isle Knitting [M]. US: Dover Publications, 2003.

[4] RUTT Richard. A History of Hand Knitting [M]. UK：Interweave Pr., 1989.

[5] BLACK Sandy. Knitting: Fashion, Industry, Craft [M]. UK: V & A Publishing, 2012.

[6] GIBSON-ROBERTS Priscilla, ROBSON Deborah. Knitting in the old way [M]. US: Nomad Press, 2005.

[7] Icon Group International. Knitting: Webster's Timeline History, 7000 BC-2007 [M]. UK: ICON Group International Inc., 2009.

[8] MORGAN Gwyn. Traditional Knitting: Patterns of Ireland, Scotland and England [M]. US: St. Martin's Press,1981.

[9] ESSINGER James. How A Hand-Loom Led To The Birth Of The Information Age [M]. UK: Oxford University Press, 2004.

[10] STARMORE Alice. Alice Starmore Aran Knitting [M]. US: Dover Publications Inc., 2009.

[11] BROWN-REINSEL Beth. Knitting Ganseys, Revised and Updated: Techniques and Patterns for Traditional Sweaters [M]. Second Edition. UK: Interweave Press, 2018.

[12] STORM Svanhild , BISKOPSTO Marjun. Faroe Island Knits: Over 50 Traditional Motifs and 25 Projects from the North Atlantic [M]. UK: Trafalgar Square Books, 2018

[13] DAWSON Pam. Traditional Island Knitting: Including Aran, Channel Isles, Fair Isle, Falkland Isles [M]. UK: Iceland and Shetland. Search Press, 1998.

[14] 李当岐. 西洋服装史 [M]. 北京: 高等教育出版社, 2005.

[15] 郭凤芝. 针织服装设计基础 [M]. 北京: 化学工业出版社, 2008.

[16] 杨成寅, 林文霞. 雷圭元论图案艺术 [M]. 杭州: 浙江美术学院出版社, 1992.

后 记

费尔岛针织作为针织品设计中的经典范例，其价值和影响不仅仅局限于设计和生产层面，更在于其深厚的历史文化积淀使其历久弥新，更具研究价值。本书从历史文化层面切入，根据费尔岛的地理气候、风土民情分析费尔岛针织品产生的背景，探索费尔岛针织品是如何从源于生活的实用性服饰发展为以装饰性为主的高档工艺品。

纵观费尔岛针织品的整体发展过程，不难看出，费尔岛针织品每每与同时期时尚的契合，都源自于深刻的社会背景，即人们内心深切渴望的认同感和平衡感，以及个体与社会关系的沟通与表达。每个时代都有着相似又不尽相同的社会背景、思潮和情绪，而这些精神层面的东西留存于物质便成为具有时代特征的独一无二的产物。当时过境迁，这些过去的不可复制的事物，便在不经意间引发了当代人对于过往美好事物的好奇及对过往社会情境的依恋。于是，像费尔岛针织品这类具有浓郁手工情结的物品，就在冷漠而程序化的工业时代，将对于人的创造力与艺术性的推崇，以复兴过去手工制品及文化的形式表达出来。

对过去那些具有时代特征物品的复兴，在不同时期都会有各自独特的存在和表达方式，但无论是以何种方式复兴，都不会完全以其过去的形式出现，而是与当代的风尚相融合来实现复兴，或者说是丰富与成长的过程。渗透着深厚历史文化的费尔岛针织设计元素在应用和表达过程中也被赋予了更多内涵，使其表现形式更加多样，不同主题图案与主体色调的切合过程，亦是对费尔岛自然和生活环境的间接表达。现代化工业大生产以来，对费尔岛针织图案、色彩、工艺的设计与演绎变得更加鲜活，不仅仅是执着于其富于变化的装饰性，更是对过去经典的积累和重现。这一过程既渗透了不同时期的印迹，也是具体设计工艺手法的体现，更为重要的是，站在历史与文化的高度去把握费尔岛针织品，着眼点不仅仅局限于已有的具体设计元素，而是以多样的形式去表现费尔岛针织品的文化内涵，使类似于费尔岛针织品的这些经典能够流转于不同的时代，融合不同时代的气息，演绎自己的精彩。